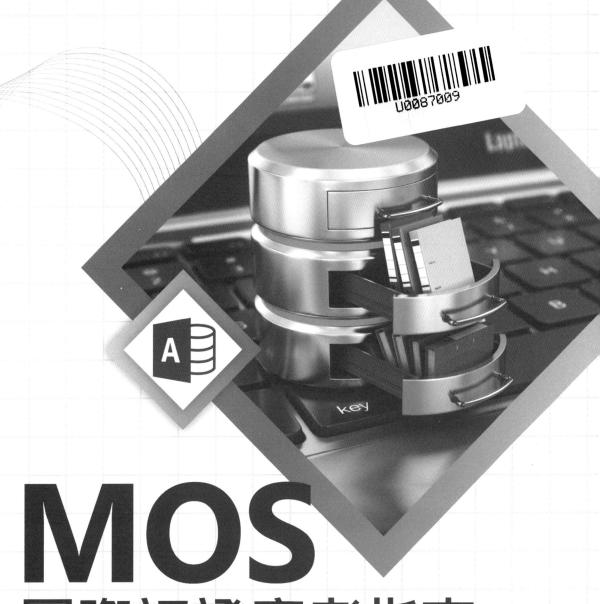

MOS
國際認證應考指南
Microsoft Access Expert
(Access and Access 2019)
Exam MO-500

MO-500：Microsoft Access Expert (Access and Access 2019)

MOS 國際認證應考指南--Microsoft Access Expert (Access and Access 2019) | Exam MO-500

作　　　者：王仲麒
企劃編輯：郭季柔
文字編輯：江雅鈴
設計裝幀：張寶莉
發　行　人：廖文良

發　行　所：碁峰資訊股份有限公司
地　　　址：台北市南港區三重路 66 號 7 樓之 6
電　　　話：(02)2788-2408
傳　　　真：(02)8192-4433
網　　　站：www.gotop.com.tw
書　　　號：AER058100
版　　　次：2022 年 05 月初版
建議售價：NT$450

國家圖書館出版品預行編目資料

MOS 國際認證應考指南：Microsoft Access Expert (Access and Access 2019) Exam MO-500 / 王仲麒著. -- 初版. -- 臺北市：碁峰資訊, 2022.05
　　面；　公分
　　ISBN 978-626-324-146-6(平裝)
　　1.CST：ACCESS 2019(電腦程式)　2.CST：考試指南
312.49A42　　　　　　　　　　　　　　111004670

序

大數據時代所面臨的資料愈來愈多元，針對資料的管理、儲存與查詢已經是資訊工作者必須面對也無法避免的日常。雖說不盡然一定要成為專業的資料庫管理人員，但是關聯式資料庫系統的觀念、常識以及基本的操作能力，絕對是職場工作必備的基本技能。不論是 SQL Server、Oracle 還是 IBM DB2 等等知名的資料庫系統，都不是很容易進入的學習門檻，但是，透過 Microsoft Office 家族系列軟體中的資料庫應用程式 Access 資料庫系統，正是學習資料庫系統、驗證資料庫能力的最佳工具。

在評量資料庫設計與操作技能的各種檢定及認證考試中，微軟公司的 Microsoft Office Specialist，簡稱 MOS，是屬於國際級的認證考試，其中也包含了 Access 資料庫系統的考科，即 Microsoft Access Expert (Access and Access 2019)，考試編號為 MO-500。目前在 MOS 系列的認證考試已經進入 2019/365 版本的年代，其中的 Access 2019 是屬於 Expert(專家級) 的認證考試，著重在建立與管理資料庫、建立與管理多資料表的關聯，並且瞭解如何維護資料庫裡的相關物件，諸如資料表、查詢、表單與報表的建置與編輯。考試者必須理解關聯性資料庫的處理、建立與編輯各種資料查詢類型能力，例如：選取查詢、更新查詢及交叉分析查詢，並且能夠操控 Access 的主要功能及正確的應用，獨立完成資料庫的建置與維護任務。

本書設計的模擬題組，接近原本英文題目的技術範疇，列舉的情境、範例與題意問法也盡量相似，也十分趨近職場實務運用的需求，讀者只要理解題意，即可輕鬆運用解題技巧與步驟，加上反覆不斷多做練習、熟能生巧，必可達成高分通過認證考試的目標。

疫情讓大家的工作與學習有了更多的面向、選擇與管道，自我精進與資訊領域的學習機會也變多了，期望藉由這本 Access Expert 的國際認證應考指南，可以讓您了解資料庫的應用趨勢，也能夠協助您輕鬆取得國際證照，證明您個人具有建置、管理與使用資料庫的能力，可以因應資料庫工作需求的執行力、生產力與管理能力。

王仲麒 2022/3/8 台北

01

Microsoft Office Specialist
國際認證簡介

02

細說 MOS 測驗操作介面

03

模擬試題 I

04

模擬試題 II

05

模擬試題 III

實作檔案準備：

請將書附光碟裡儲存著模擬試題資料檔案所在的〔ExamMO-500〕資料夾，複製至您的電腦硬碟中。例如：複製至〔我的文件〕資料夾內。

Chapter

01

Microsoft Office Specialist
國際認證簡介

Microsoft Office 系列應用程式是全球最為普級的商務應用
軟體,不論是 Word、Excel 還是 PowerPoint 都是家喻戶
曉的軟體工具,也幾乎是學校、職場必備的軟體操作技能。
即便坊間關於 Office 軟體認證種類繁多,但是,Microsoft
Office Specialist (MOS) 認證才是 Microsoft 原廠唯一且向
國人推薦的 Office 國際專業認證。取得 MOS 認證除了表示
具備 Office 應用程式因應工作所需的能力外,也具有重要的
區隔性,可以證明個人對於 Microsoft Office 具有充分的專
業知識以及實踐能力。

1-1 關於 Microsoft Office Specialist (MOS) 認證

Microsoft Office Specialist(微軟 Office 應用程式專家認證考試)，簡稱 MOS，是 Microsoft 公司原廠唯一的 Office 應用程式專業認證，是全球認可的電腦商業應用程式技能標準。透過此認證可以證明電腦使用者的電腦專業能力，並於工作環境中受到肯定。即使是國際性的專業認證、英文證書，但是在試題上可以自由選擇語系，因此，在國內的 MOS 認證考試亦提供有正體中文化試題，只要通過 Microsoft 的認證考試，即頒發全球通用的國際性證書，取電腦專業能力的認證，以證明您個人在 Microsoft Office 應用程式領域具備充分且專業的知識與能力。

取得 Microsoft Office 國際性專業能力認證，除了肯定您在使用 Microsoft Office 各項應用軟體的專業能力外，亦可提昇您個人的競爭力、生產力與工作效率。在工作職場上更能獲得更多的工作機會、更好的升遷契機、更高的信任度與工作滿意度。

Certiport 是為全球最大考證中心，也是 Microsoft 唯一認可的國際專業認證單位，參加 MOS 的認證考試必須先到網站進行註冊。

1-2 MOS 最新認證計劃

MOS 是透過以專案為基礎的全新測驗,提供了在各行業、各領域中所需的 Office 技能和知識評估。在測驗中包括了多個小型專案與任務,而這些任務都模擬了職場上或工作領域中 Office 應用程式的實務應用。經由這些考試評量,讓學生和職場的專業人士們,以情境式的解決問題進行測試,藉此驗證考生們對 Microsoft Office 應用程式的功能理解與運用技能。通過考試也證明了考生具備了相當程度的操作能力,並在現今的學術和專業環境中為考生提供了更多的競爭優勢。

眾所周知 Microsoft Office 家族系列的應用程式眾多,最廣為人知且普遍應用於各職場環境領域的軟體,不外乎是 Word、Excel、Power Point、Outlook 及 Access 等應用程式。而這些應用程式也正是 MOS 認證考試的科目。但基於軟體應用層面與功能複雜度,而區分為 Associate 以及 Expert 兩種程度的認證等級。

Associate 等級的認證考科

 Associate 如同昔日 MOS 測驗的 Core 等級，評量的是應用程式的核心使用技能，可以協助主管、長官所交辦的文件處理能力、簡報製作能力、試算圖表能力，以及訊息溝通能力。

W Word Associate	Exam MO-100 將想法轉化為專業文件檔案
X Excel Associate	Exam MO-200 透過功能強大的分析工具揭示趨勢並獲得見解
P PowerPoint Associate	Exam MO-300 強化與觀眾溝通和交流的能力
O Outlook Associate	Exam MO-400 使用電子郵件和日曆工具促進溝通與聯繫的流程

只要考生通過每一科考試測驗，便可以取得該考科認證的證書。例如：通過 Word Associate 考科，便可以取得 Word Associate 認證；若是通過 Excel Associate 考科，便可以取得 Excel Associate 認證；通過 Power Point Associate 考科，就可以取得 Power Point Associate 認證；通過 Outlook Associate 考科，就可以取得 Outlook Associate 認證。這些單一科目的認證，可以證明考生在該應用程式領域裡的實務應用能力。

Word Associate 證書	Excel Associate 證書

PowerPoint Associate 證書

若是考生獲得上述四項 Associate 等級中的任何三項考試科目認證，便可以成為 Microsoft Office Specialist- 助理資格，並自動取得 Microsoft Office Specialist - Associate 認證的證書。

Microsoft Office Specialist - Associate 證書

Expert 等級的認證考科

此外，在更進階且專業，難度也較高的評量上，Word 應用程式與 Excel 應用程式，都有相對的 Expert 等級考科，例如 Word Expert 與 Excel Expert。如果通過 Word Expert 考科可以取得 Word Expert 證照；若是通過 Excel Expert 考科可以取得 Excel Expert 證照。而隸屬於資料庫系統應用程式的 Microsoft Access 也是屬於 Expert 等級的難度，因此，若是通過 Access Expert 考科亦可以取得 Access Expert 證照。

	Word **Expert**	Exam MO-101 培養您的 Word 技能，並更深入文件製作與協同作業的功能
	Excel **Expert**	Exam MO-201 透過 Excel 全功能的實務應用來擴展 Excel 的應用能力
	Access **Expert**	Exam MO-500 追蹤和報告資產與資訊

若是考生獲得上述三項 Expert 等級中的任何兩項考試科目認證，便可以成為 Microsoft Office Specialist- 專家資格，並自動取得 Microsoft Office Specialist - Expert 認證的證書。

Microsoft Office Specialist - Expert 證書

1-3　證照考試流程

1. 考前準備：

參考認證檢定參考書籍，考前衝刺～

2. 註冊：

首次參加考試，必須登入 Certiport 網站 (http://www.certiport.com) 進行
註冊。註冊前請先準備好英文姓名資訊，應與護照上的中英文姓名相符，
若尚未有擁有護照或不知英文姓名拼字，可登入外交部網站查詢。註冊姓
名則為證書顯示姓名，請先確認證書是否需同時顯示中、英文再行註冊。

3. 選擇考試中心付費參加考試。

4. 即測即評，可立即知悉分數與是否通過。

認證考試登入程序與畫面說明

MOS 認證考試使用的是 Compass 系統,考生必須先到 Certiport 網站申請帳號,在進入此 Compass 系統後便是透過 Certiport 帳號登入進行考試:

進入首頁後點按右上方的〔啟動測驗〕按鈕。

在歡迎參加測驗的頁面中，將詢問您今天是否有攜帶測驗組別 ID(Exam Group ID)，若有可將原本位於〔否〕的拉桿拖曳至〔是〕，然後，在輸入考試群組的文字方塊裡，輸入您所參與的考試群組編號，再點按右下角的〔下一步〕按鈕。

進入考試的頁面後，點選您所要參與的測驗科目。例如：Microsoft Excel(Excel and Excel 2019)。

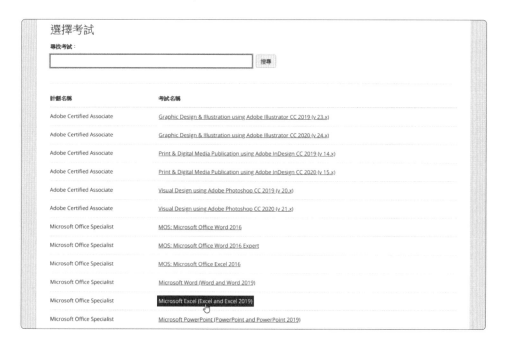

進入保密協議畫面，閱讀後在保密合約頁面點選下方的〔是，我接受〕選項，然後點按右下角的〔下一步〕按鈕。

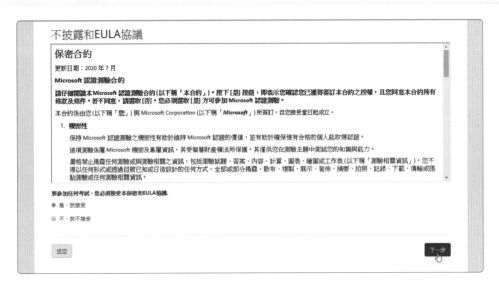

由考場人員協助，在確認考生與考試資訊後，請監考老師輸入監評人員密碼及帳號，然後點按右下角的〔解除鎖定考試〕按鈕。

系統便開始自動進行軟硬體檢查及試設定，稍候一會通過檢查並完全無誤後
點按右下角的〔下一步〕按鈕即可開始考試。

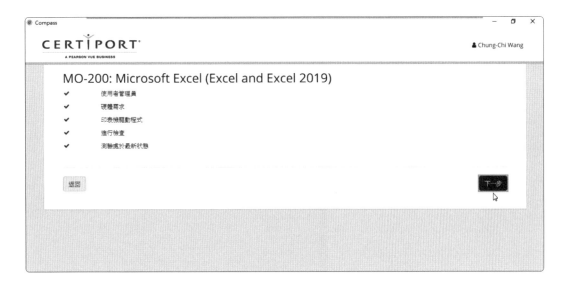

考試介面說明

考試前會有認證測驗的教學課程說明畫面，詳細介紹了考試的介面與操作提示，在檢視這個頁面訊息時，還沒開始進行考試，所以也尚未開始計時，看完後點按右下角的〔下一頁〕按鈕。

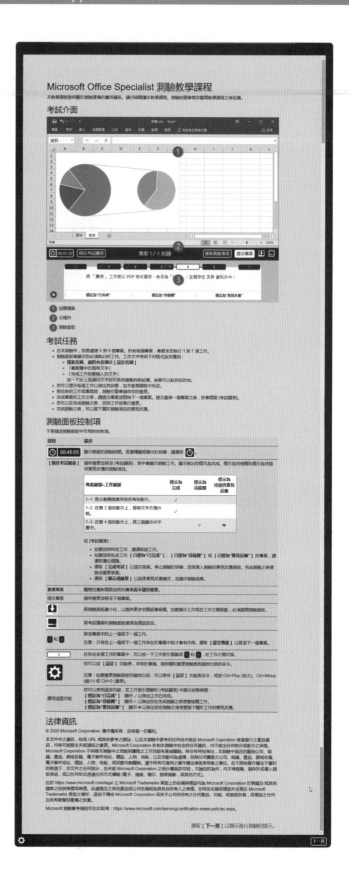

逐一看完認證測驗提示後，點按右下角的〔開始考試〕按鈕，即可開始測驗，50 分鐘的考試時間便在此開始計時，正式開始考試囉！

以 MO-200：Excel Associate 科目為例，進入考試後的畫面如下：

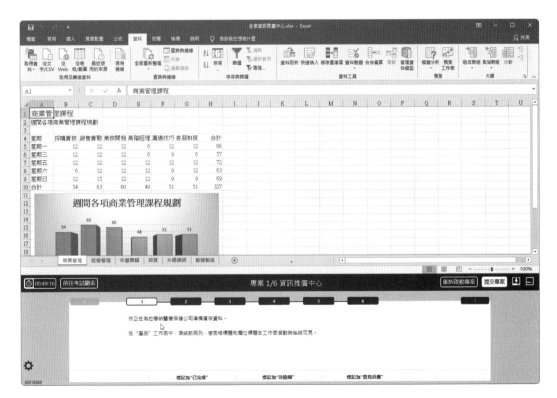

MOS 認證考試的測驗提示

每一個考試科目都是以專案為單位,情境式的敘述方式描述考生必須完成的每一項任務。以 Excel Associate 考試科目為例,總共有 6 個專案,每一個專案有 5~6 個任務必須完成,所以,在 50 分鐘的考試時間裡,要完成約莫 35 個任務。同一個專案裡的各項任務便是隸屬於相同情節與意境的實務情境,因此,您可以將一個專案視為一個考試大題,而該專案裡的每一個任務就像是考試大題的每一小題。大多數的任務描述都頗為簡潔也並不冗長,但要注意以下幾點:

1. 接受所有預設設定,除非任務敘述中另有指定要求。

2. 此次測驗會根據您對資料檔案和應用程式所做的最終變更來計算分數。您可以使用任何有效的方法來完成指定的任務。

3. 如果工作指示您輸入「特定文字」,按一下文字即可將其複製至剪貼簿。接著可以貼到檔案或應用程式,考生並不一定非得親自鍵入特定文字。

4. 如果執行任務時在對話方塊中進行變更,完成該對話方塊的操作後必須確實關閉對話方塊,才能有效儲存所進行的變更設定。因此,請記得在提交專案之前,關閉任何開啟的對話方塊。

5. 在測驗期間,檔案會以密碼保護。下列命令已經停用,且不需使用即可完成測驗:
   - 說明
   - 共用
   - 新增
   - 開啟
   - 以密碼加密

如果要變更測驗面板和檔案區域的高度,請拖曳檔案與測驗面板之間的分隔列。

前往另一個工作或專案時,測驗會儲存檔案。

02

細說 MOS 測驗
操作介面

全新設計的 **Microsoft 365** 暨 **Office 2019** 版本的 **MOS** 認證考試其操作介面更加友善、明確且便利。其中多項貼心的工具設計，諸如複製輸入文字、縮放題目顯示、考試總表的試題導覽，以及視窗面板的折疊展開和恢復配置，都讓考生的考試過程更加流暢、便利。

2-1 測驗介面操控導覽

考試是以專案情境的方式進行實作，在考試視窗的底部即呈現專案題目的各項要求任務 (工作)，以及操控按鈕：

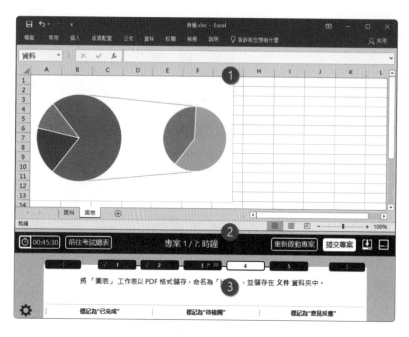

❶ 視窗上方：
試題檔案畫面

❷ 中間分隔列：
考試過程中的導覽工具

❸ 視窗下方：
測驗題目面板

● **視窗上方：試題檔案畫面**

即測驗科目的應用程式視窗，切換至不同的專案會自動開啟並載入該專案的資料檔案。

● **中間分隔列：考試過程中的導覽工具**

在此顯示考試的剩餘時間 (倒數計時) 外，也提供了前往考試題目總表、專案名稱、重啟目前專案、提交專案、折疊與展開視窗面板以及恢復視窗配置等工具按鈕。

● 碼表按鈕與倒數計時的時間顯示

顯示剩餘的測驗時間。若要隱藏或顯示計時器，可點按左側的碼表按鈕。

- 前往考試總表按鈕

  儲存變更並移至〔考試總表〕頁面，除了顯示所有的專案任務 (測驗題目) 外，也可以顯示哪些任務被標示了已完成、待檢閱或者待提供意見反應等標記。

- 重新啟動專案按鈕

  關閉並重新開啟目前的專案而不儲存變更。

- 提交專案按鈕

  儲存變更並移至下一個專案。

- 折疊與展開按鈕

  可以將測驗面板最小化，以提供更多空間給專案檔。如果要顯示工作或在工作之間移動，必須展開測驗面板。

- 恢復視窗配置按鈕

  可以將考試檔案和測驗面板還原為預設設定。

- **視窗下方：測驗題目面板**

  在此顯示著專案裡的各項任務工作，也就是每一個小題的題目。其中，專案的第一項任務，首段文字即為此專案的簡短情境說明，緊接著就是第一項任務的題目。而白色方塊為目前正在處理的專案任務、藍色方塊為專案裡的其他任務。左下角則提供有齒輪狀的工具按鈕，可以顯示計算機工具以及測驗題目面板的文字縮放顯示比例工具。在底部也提供有〔標記為 " 已完成 "〕、〔標記為 " 待檢閱 "〕、〔標記為 " 意見反應 "〕等三個按鈕。

測驗過程中，針對每一小題 (每一項任務)，都可以設定標記符號以提示自己針對該題目的作答狀態。總共有三種標記符號可以運用：

- **已完成**：由於題目眾多，已經完成的任務可以標記為「已完成」，以免事後在檢視整個考試專案與任務時，忘了該題目到底是否已經做過。這時候該題目的任務編號上會有一個綠色核取勾選符號。

● **待檢閱**：若有些題目想要稍後再做，可以標記為「待檢閱」，這時候題目的任務編號上會有金黃色的旗幟符號。

● **意見反應**：若您對有些題目覺得有意見要提供，也可以先標記意見反映，這時候題目的任務編號上會有淺藍色的圖說符號，您可以輸入你的意見。

只要前往新的工作或專案時，測驗系統會儲存您的變更，若是完成專案裡的工作，則請提交該專案並開始進行下一個專案的作答。而提交最後一個專案後，就可以開啟〔考試總表〕，除了顯示考試總結的題目清單外，也會顯示各個專案裡的哪些題目已經被您標示為 "已完成"，或者標示為 "待檢閱" 或準備提供 "意見反應" 的任務（工作）清單：

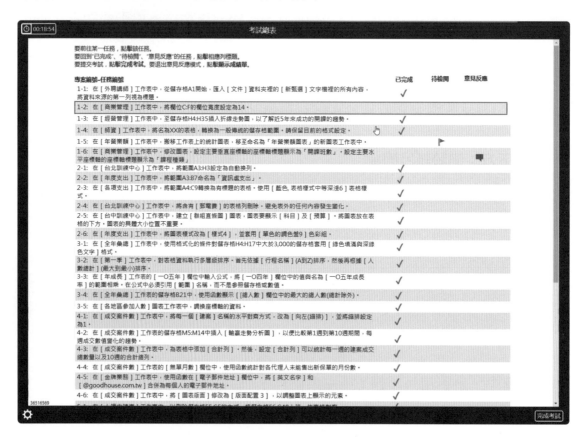

透過〔考試總表〕畫面可以繼續回到專案工作並進行變更，也可以結束考試、留下關於測驗項目的意見反應、顯示考試成績。

2-2　細說答題過程的介面操控

專案與任務 (題目) 的描述

在測驗面板會顯示必須執行的各項工作，也就是專案裡的各項小題。題目編號是以藍色方塊的任務編號按鈕呈現，若是白色方塊的任務編號則代表這是目前正在處理的任務。題目中有可能會牽涉到檔案名稱、資料夾名稱、對話方塊名稱，通常會以括號或粗體字樣示顯示。

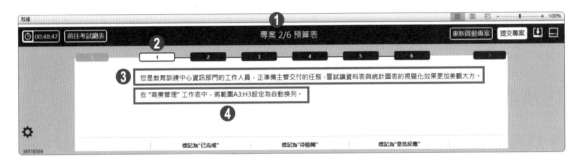

1 以 Excel Associate 測驗為例，測驗中會需要處理 6 個專案。

2 每一個專案會要求執行 5 到 6 項任務，也就是必須完成的各項工作。

3 只有專案裡的第 1 個任務會顯示專案情境說明。

4 專案情境說明底下便是第 1 個任務的題目。

題目中若有要求使用者輸入文字才能完成題目作答時,該文字會標示著點狀底線。

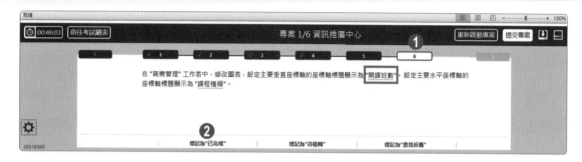

❶ 白色方塊的任務編號是目前正在處理的任務題目說明。

❷ 題目面板底部的〔標記為 " 已完成 " 〕、〔標記為 " 待檢閱 " 〕、〔標記為 " 意見反應 " 〕等三個按鈕可以為作答中的任務加上標記符號。

任務的標示與切換

● 標示為 " 已完成 "

完成任務後,可以點按〔標記為 " 已完成 " 〕按鈕,將目前正在處理的任務加上一個記號,標記為已經解題完畢的任務。這是一個綠色核取勾選符號。當然,這個標示為 " 已完成 " 的標記只是提醒自己的作答狀況,並不是真的提交評分。您也可以隨時再點按一下 " 取消已完成標記 " 以取消這個綠色核取勾選符號的顯示。

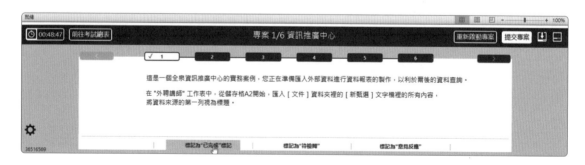

● 下一項任務 (下一小題)

若要進行下一小題，也就是下一個任務，可以直接點按藍色方塊的任務編號按鈕，可以立即切換至該專案任務的題目。

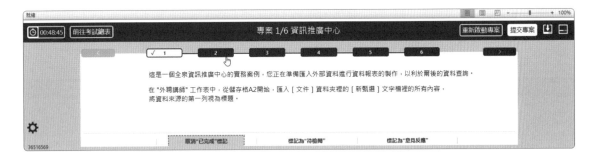

或者也可以點按題目窗格右側的〔 > 〕按鈕，切換至同專案的下一個任務。

● 上一項任務 (前一小題)

若要回到上一小題的題目，可以直接點按藍色方塊的任務編號按鈕，也可以點按題目窗格左上方的〔 < 〕按鈕，切換至同專案的上一個任務。

● 標示為 " 待檢閱 "

除了標記已完成的標記外，也可以對題目標記為待檢閱，也就是您若不確定此題目的操作是否正確或者尚不知如何操作與解題，可以點按面板下方的〔標記為待檢閱〕按鈕。將此題目標記為目前尚未完成的工作，稍後再完成此任務。

● 標示為 " 意見反應 "

您也可以將題目標記為意見反映，在結束考試時，針對這些題目提供回饋意見給測驗開發小組。

❶ [標記為 " 已完成 "] 的題目會顯示綠色打勾圖示，用來表示該工作已完成。

❷ [標記為 " 待檢閱 "] 的題目會顯示黃色旗幟圖示，用來表示在完成測驗之前想要再次檢閱該工作。

❸ [標記為 " 意見反應 "] 的題目會顯示藍色圖說圖示，用來表示在測驗之後想要留下關於該工作的意見反應。

縮放顯示比例與計算機功能

題目面板的左下角有一個齒輪工具,點按此按鈕可以顯示兩項方便的工具,一個是「計算機」,可以在畫面上彈跳出一個計算器,免去您有需要進行算術計算時的困擾,不過,這項功能的實用性並不高。

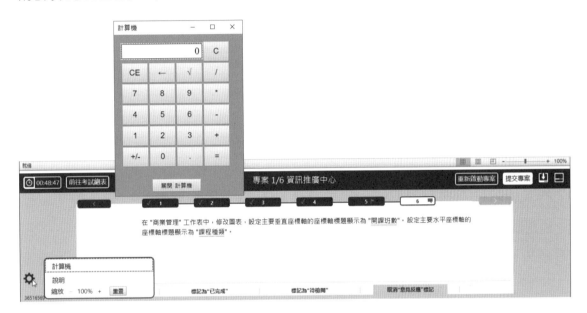

反而是「縮放」工具比較實用,若覺得題目的文字大小太小,可以透過縮放按鈕的點按來放大顯示。例如:調整為放大 **125%** 的顯示比例,大一點的字型與按鈕是不是看起來比較舒服呢?

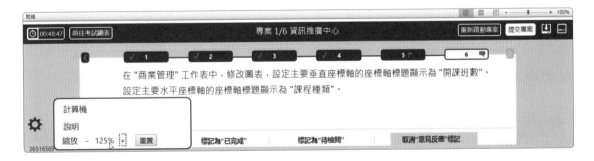

注意:如果變更測驗面板的縮放比例,也可以使用 Ctrl +(加號) 放大、Ctrl -(減號) 縮小或 Ctrl+0(零) 還原等快捷按鍵。

提交專案

完成一個專案裡的所有工作,或者即便尚未完成所有的工作,都可以點按題
目面板右上方的〔提交專案〕按鈕,暫時儲存並結束此專案的操作,並準備
進入下一個專案的答題。

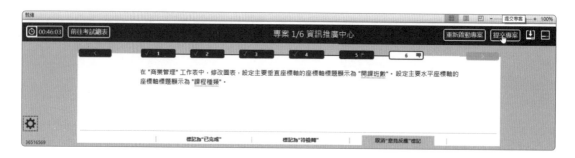

在再次確認是否提交專案的對話方塊上,點按〔提交專案〕按鈕,便可以儲
存目前該專案各項任務的作答結果,並轉到下一個專案。不過請放心,在正
式結束整個考試之前,您都可以隨時透過考試總表的操作再度回到此專案
作答。

進入下一個專案的畫面後,除了開啟該專案的資料檔案外,下方視窗的題目
面板裡也可以看到專案說明與第一項任務的題目,讓您開始進行作答。

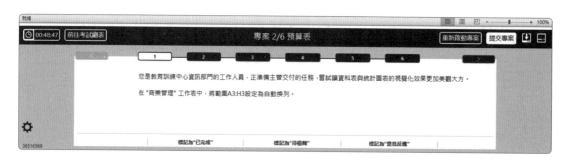

關於考試總表

考試系統提供有考試總結清單，可以顯示目前已經完成或尚未完成（待檢閱）的任務（工作）清單。在考試的過程中，您隨時可以點按測驗題目面板左上方的〔前往考試總表〕按鈕，在顯示確認對話方塊後點按〔繼續至考試總表〕按鈕，便可以進入考試總表視窗，回顧所有已經完成或尚未完成的工作，檢視各專案的任務題目與作答標記狀況。

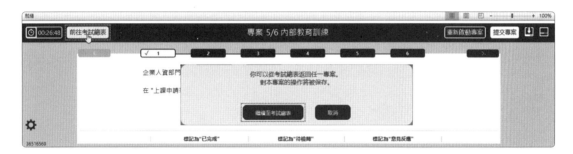

切換至考試總表視窗時，原先進行中的專案操作結果都會被保存，您也可以從考試總表返回任一專案，繼續執行該專案裡各項任務的作答與編輯。即便臨時起意切換到考試總表視窗了，只要沒有重設專案，已經完成的任務也不用再重做一次。

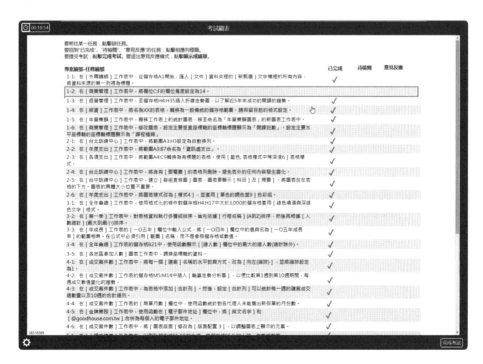

在〔考試總表〕頁面裡可以做的事情：

- 如要回到特定工作，請選取該工作。
- 如要回到包含工作〔已標為 " 已完成 "〕、〔已標為 " 待檢閱 "〕、〔已標為 " 意見反應 "〕的專案，請選取欄位標題。
- 選取〔完成考試〕以提交答案、停止測驗計時器，然後進入測驗的意見反應階段。完成測驗之後便無法變更答案。
- 若是完成考試，可以選取〔顯示成績單〕以結束意見反應模式，並顯示測驗結果。

貼心的複製文字功能

有些題目會需要考生在操作過程和對話方塊中輸入指定的文字，若是必須輸入中文字，昔日考生在作答時還必須將鍵盤事先切換至中文模式，然後再一一鍵入中文字，即便只是英文與數字的輸入，並不需要切換輸入法模式，卻也得小心翼翼地逐字無誤的鍵入，多個空白就不行。現在，大家有福了，新版本的操作介面在完成工作時要輸入文字的要求上，有著非常貼心的改革，因為，在專案任務的題目上，若有需要考生輸入文字才能完成工作時，該文字會標示點狀底線，只要考生以滑鼠左鍵點按一下點狀底線的文字，即可將其複製到剪貼簿裡，稍後再輕鬆的貼到指定的目地的。如下圖範例所示，只要點按一下任務題目裡的點狀底線文字「資訊處支出」，便可以將這段文字複製到剪貼簿裡。

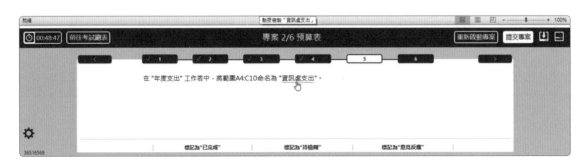

如此，在題目作答時就可以利用 **Ctrl+V** 快捷按鍵將其貼到目的地。例如：在開啟範圍〔新名稱〕的對話方塊操作上，點按〔名稱〕文字方塊後，並不需要親自鍵入文字，只要直接按 **Ctrl+V** 即可貼上剪貼簿裡的內容，是不是非常便民的貼心設計呢！

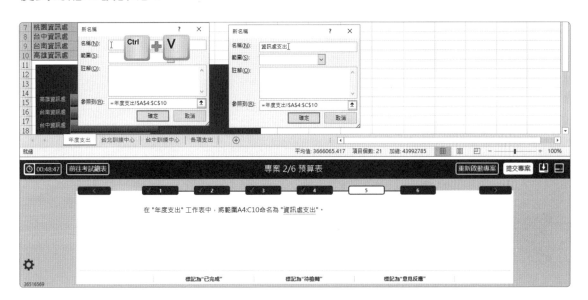

視窗面板的折疊與展開

有時候您可能需要更大的軟體視窗來進行答題的操作，此時，可以點按一下測驗題目面板右上方的〔折疊工作面板〕按鈕。

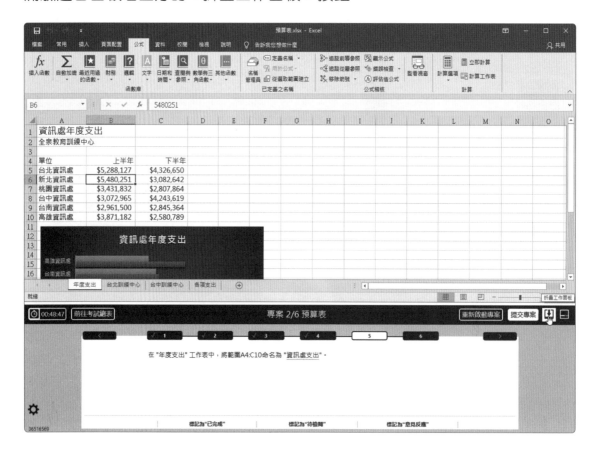

如此，視窗下方的測驗題目面板便自動折疊起來，空出更大的畫面空間來顯示整個應用程式操作視窗。若要再度顯示測驗題目面板，則點按右下角的〔展開工作面板〕按鈕即可。

恢復視窗配置

或許在操作過程中調整了應用程式視窗的大小,導致沒有全螢幕或沒有適當的切割視窗與面板窗格,此時您可以點按一下測驗題目面板右上方的〔恢復視窗配置〕按鈕。

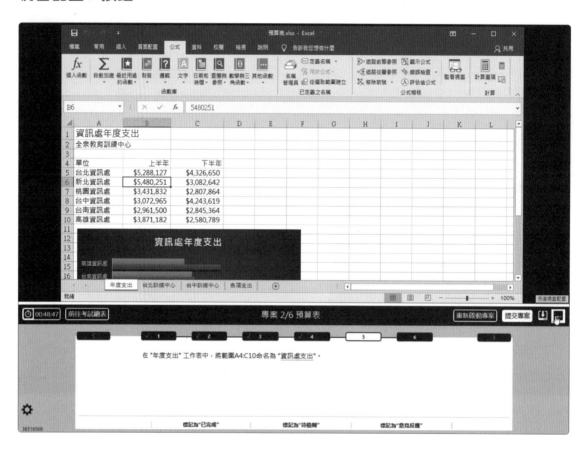

只要恢復視窗配置，當下的畫面將復原為預設的考試視窗。

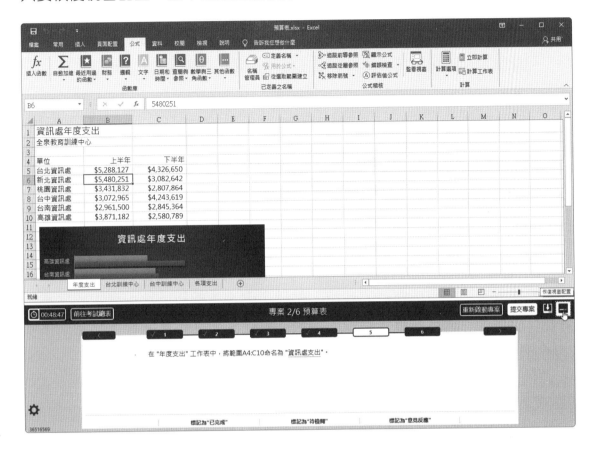

重新啟動專案

如果您對某個專案的操作過程不盡滿意，而想要重作整個專案裡的每一道題目，可以點按一下測驗題目面板右上方的〔重新啟動專案〕按鈕。

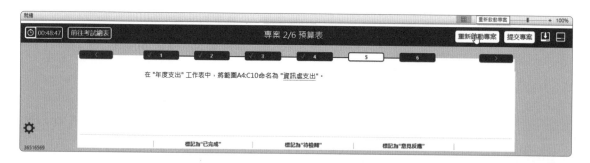

在顯示重置專案的確認對話方塊時，點按〔確定〕按鈕，即可清除該專案原先儲存的作答，重置該專案讓專案裡的所有任務及文件檔案都回復到未作答前的初始狀態。

2-3 完成考試 - 前往考試總表

在考試過程中您隨時可以切換到考試總表,瀏覽目前每一個專案的各項任務題目以及其標記設定。若要完成整個考試,也是必須前往考試總表畫面,進行最後的專案題目導覽與確認結束考試。若有此需求,可以點按測驗題目面板左上方的〔前往考試總表〕按鈕。

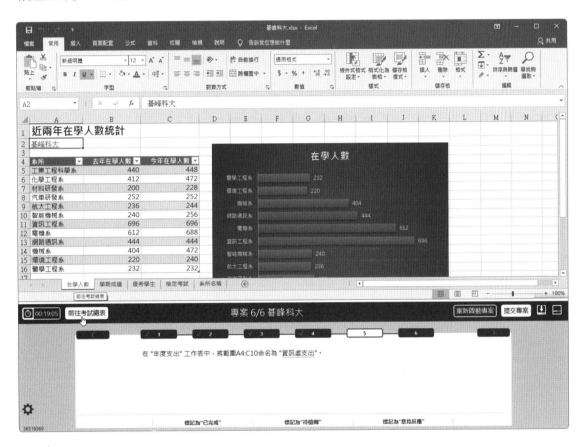

在顯示確認對話方塊後點按〔繼續至考試總表〕按鈕，才能順利進入考試總表視窗。

若是完成最後一個專案最後一項任務並點按〔提交專案〕按鈕後,不需點按〔前往考試總表〕按鈕,也會自動切換到考試總表畫面。若要完成考試,即可點按考試總表畫面右下角的〔完成考試〕按鈕。

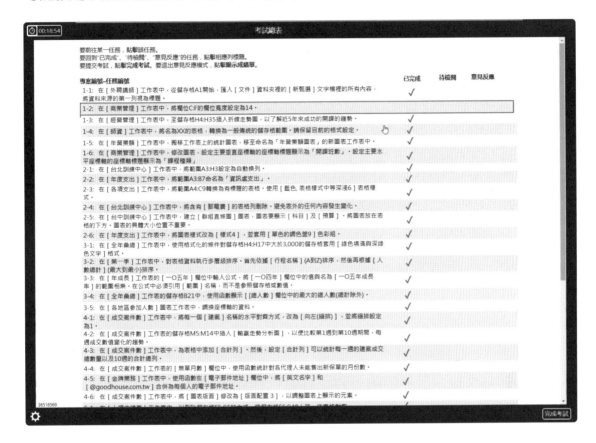

接著，會顯示完成考試將立即計算最終成績的確認對話方塊，此時點按〔完成考試〕按鈕即可。不過切記，一旦按下〔完成考試〕按鈕就無法再返回考試囉！

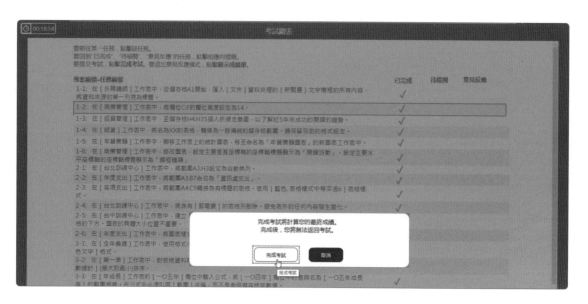

完成考試後可以有兩個選擇，其一是提供回饋意見給測驗開發小組，當然，若沒有要進行任何的意見回饋，便可直接檢視考試成績。

自行決定是否留下意見反應

還記得在考試中，您若對於專案裡的題目設計有話要說，想要提供該題目之回饋意見，則可以在該任務題目上標記 " 意見反應 " 標記 (淺藍色的圖說符號)，便可以在完成考試後，也就是此時進行意見反應的輸入。例如：點按此頁面右下角的〔提供意見反應〕按鈕。

若是點按〔提供意見反應〕按鈕，將立即進入回饋模式，在視窗下方的測驗題目面板裡，會顯示專案裡各項任務的題目，您可以切換到想要提供意見的題目上，然後點按底部的〔對本任務提供意見反應〕按鈕。

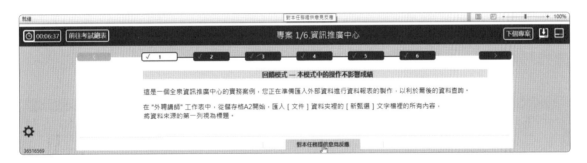

接著，開啟〔留下回應〕對話方塊後，即可在此輸入您的意見與想法，然後按下〔儲存〕按鈕。

您可以瀏覽至想要評論的專案工作上，點按在測驗面板底部的〔對本任務提供意見反應〕按鈕，留下給測驗開發小組針對目前測驗題目的相關意見反應。若有需求，可以繼續選取〔前往考試總表〕或者點按測驗面板有上方的〔下個專案〕以瀏覽至其他工作，依此類推，完成留下關於特定工作的意見反應。

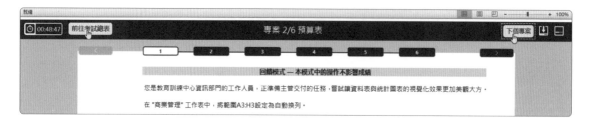

顯示成績

結束考試後若不想要留下任何意見反應，可以直接點按〔留下意見反應〕頁面對話方塊右下角的〔顯示成績單〕按鈕，或者，在結束意見反應的回饋後，亦可前往〔考試總表〕頁面，點按右下角的〔顯示成績單〕按鈕，在即測即評的系統環境下，立即顯示您此次的考試成績。

MOS 認證考試的滿分成績是 1000 分，及格分數是 700 分以上，分數報表畫面會顯示您是否合格，您可以直接列印或儲存成 PDF 檔。

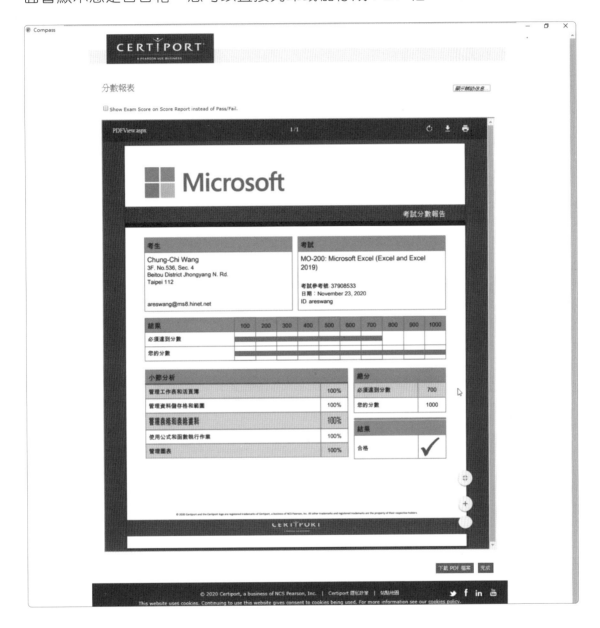

若是勾選分數報表畫面左上方的〔Show Exam Score On Score Report instead of Pass/Fail〕核取方塊,則成績單右下方結果方塊裡會顯示您的實質分數。當然,考後亦可登入 Certiport 網站,檢視、下載、列印您的成績報表或查詢與下載列印證書副本。

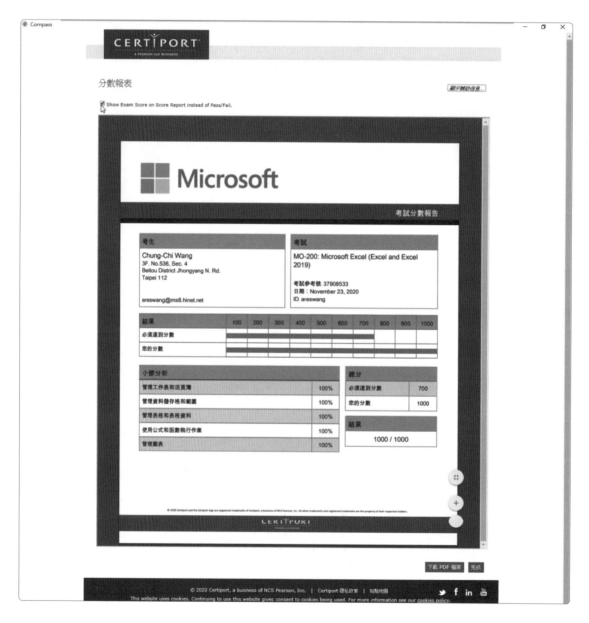

2-4 MOS 2019-Access Expert MO-500 評量技能

資料庫系統一直是資訊領域技能中非常重要的一環，尤其是在大數據時代，面臨多樣、多變且龐大的資料，要能夠即時處理、隨機應變，建構資料的關聯、查詢所要的內容、製作常態的報表與表單，已經變成各行各業的資訊工作者經常會面臨的考驗。此測驗即以 Access 資料庫系統為主軸，涵蓋資料庫的建立與維護，了解資料表的結構、資料表的關聯設計、多重資料表查詢的建立與編輯、報表與表單的建置與編輯，讓測驗者能熟悉並具備 Access 資料庫系統的主要功能及正確實務應用，並可獨立完成資料庫管理的各項任務。

MOS Access 2019 Expert 的認證考試代碼為 Exam MO-500，共分成五大核心能力評量領域，官方公布的各評量領域與佔比如下所示：

1. 管理資料庫 **(Manage databases)(15-20%)**

2. 建立與編輯資料表 **(Create and modify tables)(25-30%)**

3. 建立與編輯查詢 **(Create and modify queries)(25-30%)**

4. 在版面配置檢視中編輯表單 **(Modify forms in layout view)(10-15%)**

5. 在版面配置檢視中編輯報表 **(Modify reports in layout view)(10-15%)**

以下是彙整了 Microsoft 公司訓練認證和測驗網站平台所公布的 MOS Access 2019 Expert 認證考試範圍與評量重點摘要。您可以在學習前後，根據這份評量的技能，看看您已經學會了哪些必備技能，在前面打個勾或做個記號，以瞭解自己的實力與學習進程。

評量領域	評量目標與必備評量技能
1. 管理資料庫 (Manage databases) (15-20%)	**修改資料庫結構** ☐ 從其他來源匯入資料或物件 ☐ 刪除資料庫物件 ☐ 在導覽窗格中隱藏與顯示物件 **管理資料表關聯與索引鍵** ☐ 瞭解關聯性 ☐ 顯示關聯性 ☐ 設定主索引鍵 ☐ 啟用參考完整性 ☐ 設定外部索引鍵 **列印與匯出資料** ☐ 設定記錄、表單與報表的列印選項 ☐ 將物件匯出為替代格式
2. 建立與編輯資料表 (Create and modify tables) (25-30%)	**建立資料表** ☐ 將資料匯入資料表 ☐ 從外部來源建立連結資料表 ☐ 從其他資料庫匯入資料表 **管理資料表** ☐ 隱藏資料表中的欄位 ☐ 新增合計列 ☐ 新增資料表描述 **管理資料表記錄** ☐ 尋找及取代資料 ☐ 排序記錄 ☐ 篩選記錄

評量領域	評量目標與必備評量技能
2. 建立與編輯資料表 (Create and modify tables) (25-30%)	**建立與修改欄位** ☐ 新增與移除欄位 ☐ 將資料驗證規則新增至欄位 ☐ 變更欄位標題 ☐ 變更欄位大小 ☐ 變更欄位資料類型 ☐ 將欄位設定成自動遞增 ☐ 設定預設值 ☐ 套用內建輸入遮罩
3. 建立與編輯查詢 (Create and modify queries) (25-30%)	**建立與執行查詢** ☐ 建立簡單查詢 ☐ 建立基本的交叉資料表查詢 ☐ 建立基本的參數查詢 ☐ 建立基本的動作查詢 ☐ 建立基本的多重資料表查詢 ☐ 儲存查詢 ☐ 執行查詢 **修改查詢** ☐ 新增、隱藏與移除查詢中的欄位 ☐ 排序查詢中的資料 ☐ 篩選查詢中的資料 ☐ 格式化查詢中的欄位

評量領域	評量目標與必備評量技能
4. 在版面配置檢視中編輯表單 (Modify forms in layout view) (10-15%)	**設定表單控制項** ☐ 新增、移動與移除表單控制項 ☐ 設定表單控制項屬性 ☐ 新增與修改表單標籤 **格式化表單** ☐ 修改表單的 Tab 鍵順序 ☐ 依照表單欄位排序記錄 ☐ 修改表單定位 ☐ 在表單頁首與頁尾插入資訊 ☐ 在表單中插入影像
5. 在版面配置檢視中編輯報表 (Modify reports in layout view) (10-15%)	**設定報表控制項** ☐ 分組與排序報表中的欄位 ☐ 新增報表控制項 ☐ 新增與修改報表中的標籤 **格式化報表** ☐ 將報表格式化成多欄 ☐ 修改報表定位 ☐ 格式化報表元素 ☐ 變更報表方向 ☐ 在報表頁首與頁尾插入資訊 ☐ 在報表中插入影像

Chapter

03

模擬試題 I

此小節設計了一組包含 Access 各項必備進階技能的評量實作題目，可以協助讀者順利挑戰各種與 Access 相關的進階認證考試，共計有 **6** 個專案，每個專案包含 **4 ～ 7** 項的任務。

專案 1　汽車俱樂部

您正在建立 Access 資料庫讓 FOCUS 汽車俱樂部可以用來追蹤管理會員在各參與活動中的相關資訊。

請將〔贊助商 2021〕表單從資料庫中刪除。

評量領域：管理資料庫

評量目標：修改資料庫結構

評量技能：刪除資料庫物件

解題步驟

STEP01

開啟資料庫後，點選〔贊助商 2021〕表單。

STEP02

按一下鍵盤上的〔Delete〕按鍵。

STEP03

開啟確認是否永久刪除表單的對話，點按〔是〕按鈕。

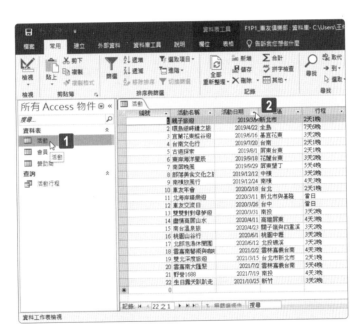

篩選〔活動〕資料表使其僅顯示每年三月所舉辦的活動。篩選時使用的篩
選選項必須對既有的記錄以及之後加入資料表的新記錄都有所作用。儲存
並關閉資料表。

評量領域：建立與修改資料表

評量目標：管理資料表記錄

評量技能：篩選記錄

解題步驟

STEP**01** 點按兩下〔活動〕資料表。

STEP**02** 開啟此資料表的資料工作表檢視畫面，點按「活動日期」欄位名稱旁
的篩選按鈕。

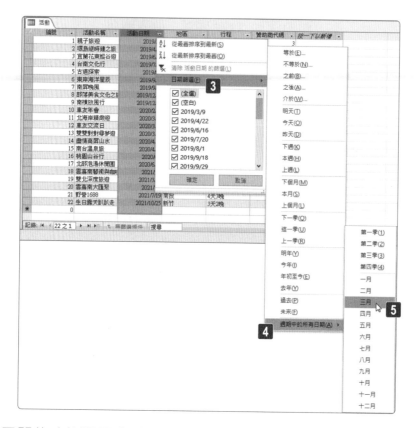

STEP03 從展開的功能選單中點選〔日期篩選〕選項。

STEP04 再從展開的副選單中點選〔週期中的所有日期〕選項。

STEP05 再從展開的下一層級副選單中點選〔三月〕選項。

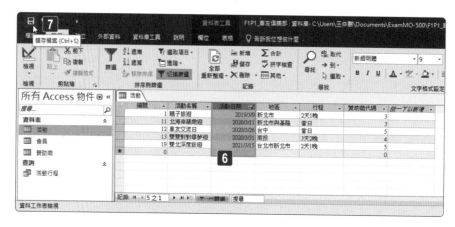

STEP06 顯示每年三月所舉辦的活動資料記錄。

STEP07 點按視窗左上角的〔儲存檔案〕按鈕。

```
1    2    3    4    5
```

在〔贊助商〕資料表中，將「密碼」輸入遮罩套用到「密碼」欄位。儲存並關閉資料表。

評量領域：建立與修改資料表
評量目標：建立與修改欄位
評量技能：套用內建輸入遮罩

解題步驟

STEP**01** 以滑鼠右鍵點按〔贊助商〕資料表。

STEP**02** 從展開的快顯功能表中點選〔設計檢視〕。

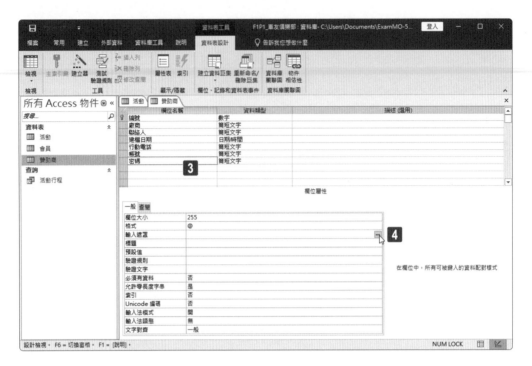

STEP03 開啟〔贊助商〕資料表的設計檢視畫面，點選「密碼」欄位。

STEP04 點按欄位屬性裡〔輸入遮罩〕右側的〔…〕按鈕。

STEP05 開啟〔輸入遮罩精靈〕操作對話，點選〔密碼〕輸入遮罩。

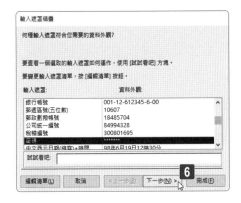

STEP**06**

點按〔下一步〕按鈕。

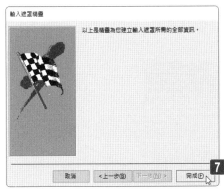

STEP**07**

點按〔完成〕按鈕,結束〔輸入遮罩精靈〕的
對話操作。

STEP**08** 以滑鼠右鍵點按〔贊助商〕資料表設計檢視的頁籤。

STEP**09** 從展開的快顯功能表中點選〔儲存檔案〕功能選項。

STEP**10** 再次以滑鼠右鍵點按〔贊助商〕資料表設計檢視的頁籤。

STEP**11** 從展開的快顯功能表中點選〔關閉〕功能選項。

1 ── 2 ── 3 ── 4 ── 5

建立名為〔贊助商活動資訊〕的查詢，其中僅顯示〔贊助商〕資料表的「編號」和「廠商」欄位，以及〔活動〕資料表的「活動名稱」、「地區」和「行程」欄位。儲存查詢。您可以執行查詢以確認結果。

評量領域：建立與修改查詢

評量目標：建立與執行查詢

評量技能：建立基本的多重資料表查詢

解題步驟

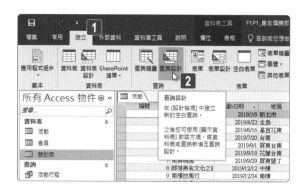

STEP**01**　點按 Access 功能區裡的〔建立〕索引標籤。

STEP**02**　點按〔查詢〕群組裡的〔查詢設計〕命令按鈕。

STEP**03**

開啟〔顯示資料表〕對話方塊。

STEP**04**

點選〔活動〕資料表。

STEP**05**

按住 Ctrl 按鍵後，再點選 (複選)〔贊助商〕資料表。

STEP**06**

點按〔新增〕按鈕。

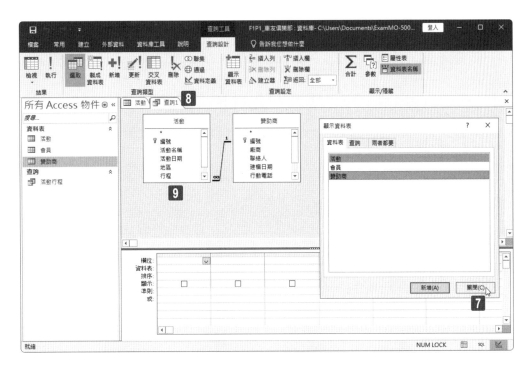

STEP **07** 點按〔關閉〕按鈕，結束並關閉〔顯示資料表〕對話方塊的操作。

STEP **08** 所建立的查詢其預設名稱為〔查詢1〕。

STEP **09** 查詢設計檢視畫面的上半部已經顯示著所選取的兩張資料表的欄名清單。

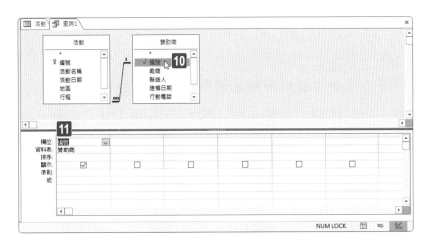

STEP **10** 點按兩下〔贊助商〕資料表欄名清單裡的「編號」欄位。

STEP **11** 〔贊助商〕資料表的「編號」欄位成為第 1 個查詢輸出欄位。

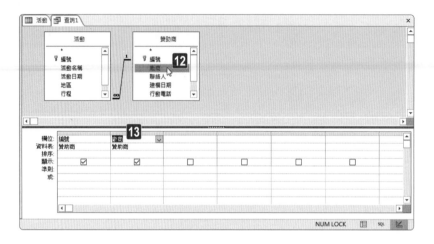

STEP **12**　點按兩下〔贊助商〕資料表欄名清單裡的「廠商」欄位。

STEP **13**　〔贊助商〕資料表的「廠商」欄位成為第 2 個查詢輸出欄位。

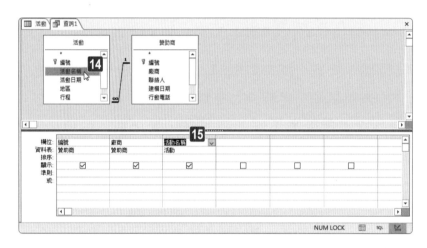

STEP **14**　點按兩下〔活動〕資料表欄名清單裡的「活動名稱」欄位。

STEP **15**　〔活動〕資料表的「活動名稱」欄位成為第 3 個查詢輸出欄位。

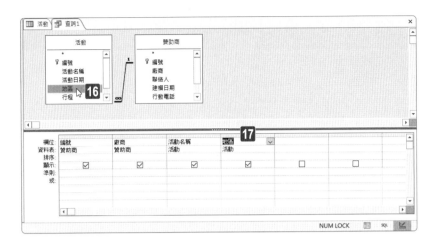

STEP**16** 點按兩下〔活動〕資料表欄名清單裡的「地區」欄位。

STEP**17** 〔活動〕資料表的「地區」欄位成為第 4 個查詢輸出欄位。

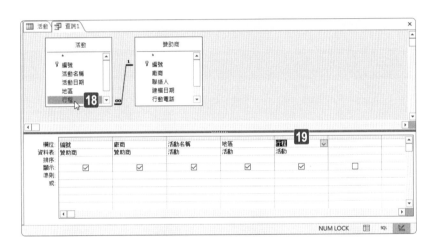

STEP**18** 點按兩下〔活動〕資料表欄名清單裡的「行程」欄位。

STEP**19** 〔活動〕資料表的「行程」欄位成為第 5 個查詢輸出欄位。

STEP**20** 以滑鼠右鍵點按〔查詢 1〕查詢設計檢視的頁籤。

STEP**21** 從展開的快顯功能表中點選〔儲存檔案〕功能選項。

STEP**22** 開啟〔另存新檔〕對話方塊,刪除預設的查詢名稱。

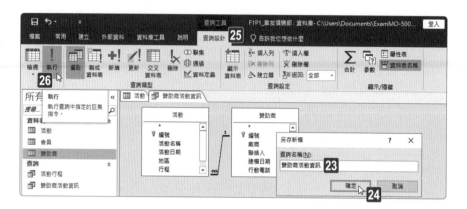

STEP23 輸入查詢名稱為「贊助商活動資訊」。

STEP24 點按〔確定〕按鈕，結束〔另存新檔〕對話方塊的操作。

STEP25 點按功能區裡〔查詢工具〕底下的〔查詢設計〕索引標籤。

STEP26 點按〔結果〕群組裡的〔執行〕命令按鈕。

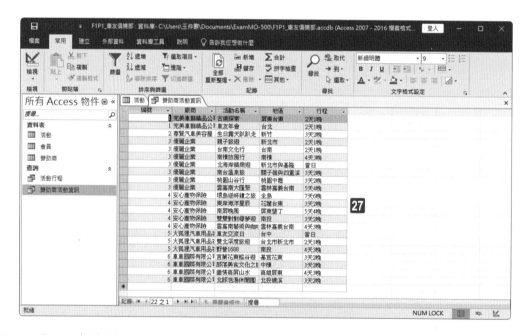

STEP27 顯示查詢結果，此〔贊助商活動資訊〕查詢的查詢結果總共有 22 筆資料記錄。

1 ─ **2** ─ **3** ─ **4** ─ 5

將〔活動〕資料表的「地區」欄位新增到〔活動行程〕查詢中,並取消「廠商」欄位的顯示。請勿新增、移除或修改任何其他欄位。儲存查詢。您可以執行查詢以確認結果。

評量領域:建立與修改查詢

評量目標:修改查詢

評量技能:新增、隱藏與移除查詢中的欄位

解題步驟

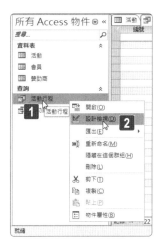

STEP**01** 以滑鼠右鍵點按〔活動行程〕查詢。

STEP**02** 從展開的快顯功能表中點選〔設計檢視〕。

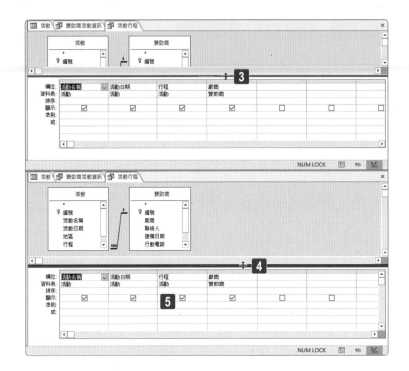

STEP03 進入〔活動行程〕查詢的查詢設計檢視畫面。若上半部顯示資料表清單的畫面太小且未能顯示多數的欄位清單時，可將滑鼠游標移至上半部的交接處，此時滑鼠游標將呈現十字形上下箭頭狀。

STEP04 往下拖曳即可調整上、下半部的檢視畫面至理想的比例。

STEP05 此查詢的輸出原本有 4 個資料欄位。

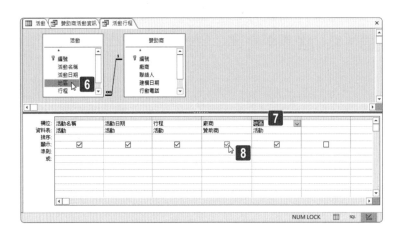

STEP06 點按兩下〔活動〕資料表欄名清單裡的「地區」欄位。

STEP07 〔活動〕資料表的「地區」欄位成為第 5 個查詢輸出欄位。

STEP08 取消「廠商」欄位核取方塊的勾選。

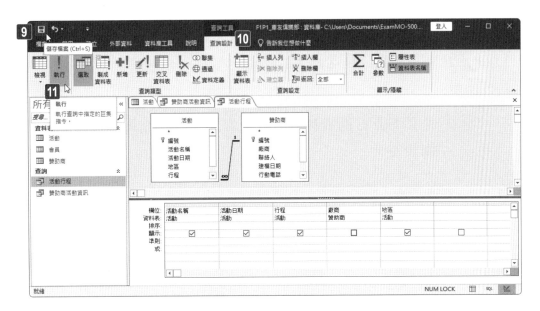

STEP **09** 點按視窗左上角的〔儲存檔案〕按鈕。

STEP **10** 點按功能區裡〔查詢工具〕底下的〔查詢設計〕索引標籤。

STEP **11** 點按〔結果〕群組裡的〔執行〕命令按鈕。

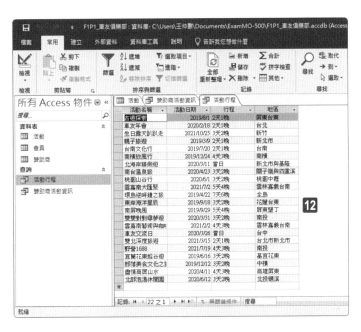

STEP **12** 顯示查詢結果,此〔活動行程〕查詢的查詢結果總共有 22 筆資料記錄的輸出。

專案 2 糖果禮盒

為了有更好的資料庫效能，您正在修改糖果禮盒訂單的資料庫設定。

1 — **2** — **3** — **4**

在〔訂單〕資料表中，為「客戶編號」欄位建立欄位驗證規則，以符合現有驗證文字的描述。儲存並關閉資料表。

評量領域：建立與修改資料表
評量目標：建立與修改欄位
評量技能：將資料驗證規則新增至欄位

解題步驟

STEP**01**　開啟資料庫後，以滑鼠右鍵點按〔訂單〕資料表。

STEP**02**　從展開的快顯功能表中點選〔設計檢視〕。

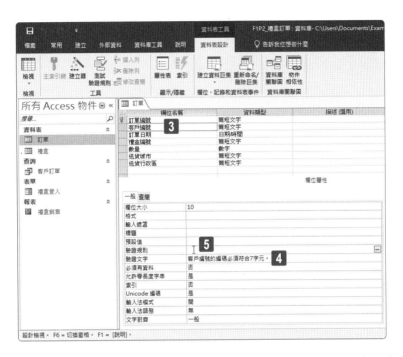

STEP**03** 開啟〔訂單〕資料表的設計檢視畫面,點選「客戶編號」欄位。

STEP**04** 屬性表裡〔驗證文字〕內已經敘述著此欄位的驗證規則為「客戶編號的編碼必須符合 7 字元。」所以,所建立的驗證規則必須遵循此規範。

STEP**05** 點按屬性表裡〔驗證規則〕空白方塊。

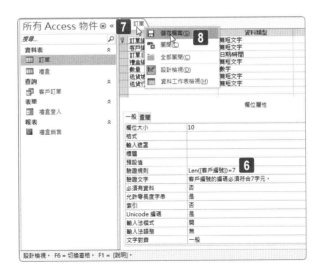

STEP**06** 在欄位屬性的〔驗證規則〕裡輸入「Len([客戶編號])=7」公式。

STEP**07** 以滑鼠右鍵點按〔訂單〕資料表設計檢視的頁籤。

STEP**08** 從展開的快顯功能表中點選〔儲存檔案〕功能選項。

小技巧：自動完成函數的輸入

在輸入函數時，Access 具備自動完成輸入的特性，使用者只要輸入函數名稱的第 1 個字母，便會自動顯示相同字母開頭的函數清單，從所篩選的函數清單中選擇所需的函數，輸入愈多字母，篩選的函數更精準。除了可以避免輸入錯別字外，也會自動顯示出該函數的功能說明，讓使用者可以選擇到正確且適用的函數，亦更加速了函數的完成效率。在函數名稱後按下小左括號，也立即顯示出該函數的語法提示，是不是很像在 Excel 裡輸入函數的運作呢！

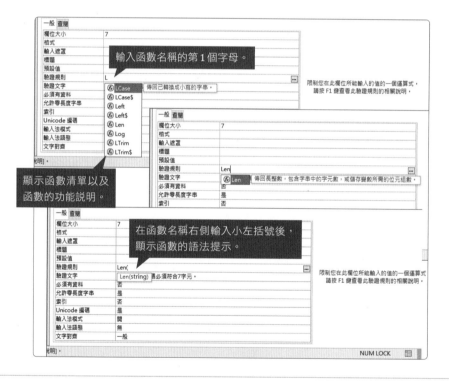

STEP09 若畫面有彈跳出資料整合規則已經變更的對話方塊，請點按〔是〕按鈕。

STEP**10** 再次以滑鼠右鍵點按〔訂單〕資料表設計檢視的頁籤。

STEP**11** 從展開的快顯功能表中點選〔關閉〕功能選項。

| 1 | 2 | 3 | 4 |

修改〔客戶訂單〕查詢，以便在「客戶編號」欄位中建立提示文字為「輸入客戶編號」的參數查詢。儲存查詢。

評量領域：建立與修改查詢

評量目標：建立與執行查詢

評量技能：建立基本的參數查詢

解題步驟

STEP**01** 以滑鼠右鍵點按〔客戶訂單〕查詢。

STEP**02** 從展開的快顯功能表中點選〔設計檢視〕。

此查詢共有 3 個查詢輸出欄位，其中「客戶編號」欄位來自〔訂單〕資料表。而此題目的參數查詢會涉獵到此欄位，因此，在建立參數時必須先理解〔訂單〕資料表裡的「客戶編號」欄位是什麼資料型態。

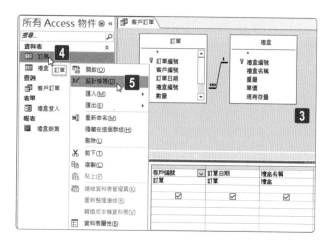

STEP03　進入〔客戶訂單〕查詢的查詢設計檢視畫面。

STEP04　以滑鼠右鍵點按〔訂單〕資料表名稱。

STEP05　從展開的快顯功能表中點選〔設計檢視〕。

STEP06　在〔訂單〕資料表的設計檢視畫面中可以看到「客戶編號」欄位的資料類型是屬於〔簡短文字〕。

STEP07　瞭解後點按右側的〔關閉'訂單'〕按鈕，關閉〔訂單〕資料表的設計檢視畫面。

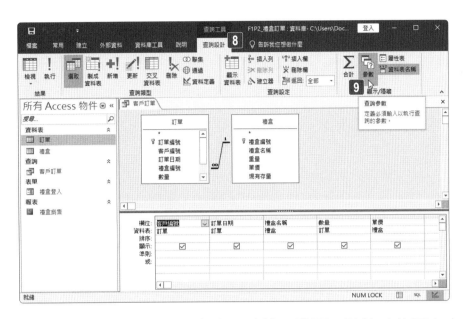

STEP08 回到〔客戶訂單〕查詢的查詢設計檢視畫面,點按功能區上方〔查詢工具〕底下的〔查詢設計〕索引標籤。

STEP09 點按〔顯示/隱藏〕群組裡的〔參數〕命令按鈕。

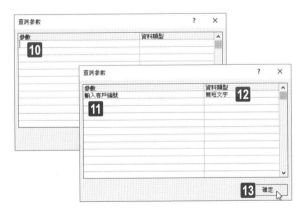

STEP10 開啟〔查詢參數〕對話方塊,點選〔參數〕方塊。

STEP11 輸入此參數查詢的提示文字為「輸入客戶編號」。

STEP12 選擇此參數查詢的資料類型是〔簡短文字〕。

STEP13 點按〔確定〕按鈕。

STEP14 以滑鼠右鍵點按〔客戶訂單〕查詢設計檢視的頁籤。

STEP15 從展開的快顯功能表中點選〔儲存檔案〕功能選項。

1 ── 2 ── 3 ── 4

在〔禮盒登入〕表單中,依照「禮盒名稱」的遞增順序顯示記錄。儲存表單。

評量領域:在版面配置檢視中修改表單

評量目標:格式化表單

評量技能:依照表單欄位排序記錄

解題步驟

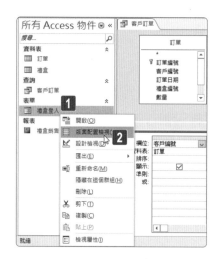

STEP01　以滑鼠右鍵點按〔禮盒登入〕表單。

STEP02　從展開的快顯功能表中點選〔版面配置檢視〕。

STEP**03** 進入〔禮盒登入〕表單的表單版面配置檢視畫面。

STEP**04** 以滑鼠右鍵點按〔禮盒名稱〕控制項。

STEP**05** 從展開的快顯功能表中點選〔從 A 排序到 Z〕功能選項。

STEP**06**

〔禮盒登入〕表單立即依照「禮盒名稱」的遞增順序顯示記錄。

STEP**07**

點按視窗左上角的〔儲存檔案〕按鈕，儲存此表單的編輯。

在〔禮盒銷售〕報表中,將〔詳細資料〕區段中所有控制項的邊界設為「窄」。儲存報表。

評量領域:在版面配置檢視中修改報表

評量目標:格式化報表

評量技能:修改報表定位

解題步驟

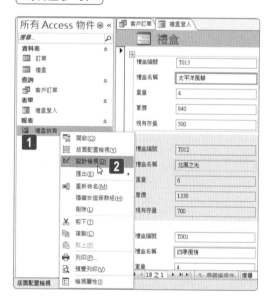

STEP01 以滑鼠右鍵點按〔禮盒銷售〕報表。

STEP02 從展開的快顯功能表中點選〔設計檢視〕。

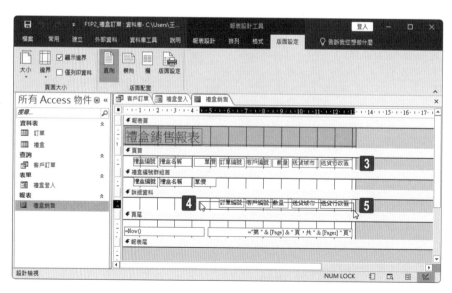

STEP**03** 進入〔禮盒銷售〕報表的報表設計檢視畫面。

STEP**04** 滑鼠游標移至〔詳細資料〕區段裡的左側空白處,以滑鼠拖曳繪製一個矩形的方式,往右拖曳一個矩形。

STEP**05** 此矩形的面積大小可以囊括〔詳細資料〕區段裡的每一個控制項 (注意:矩形的大小只要能夠接觸到控制項即可,不見得一定要完整地將控制項都包含在所拖曳的矩形大小裡)。

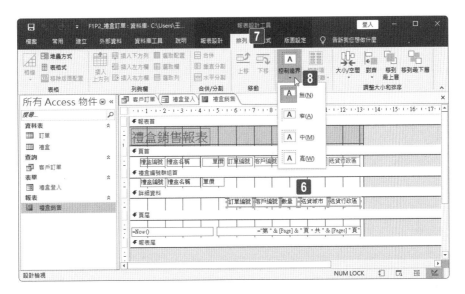

STEP**06** 完成選取後的控制項會是金黃色的邊框,代表已經順利選取這些控制項了。

STEP**07** 點按功能區上方〔報表設計工具〕底下的〔排列〕索引標籤。

STEP**08** 點按〔位置〕群組裡的〔控制邊界〕命令按鈕。

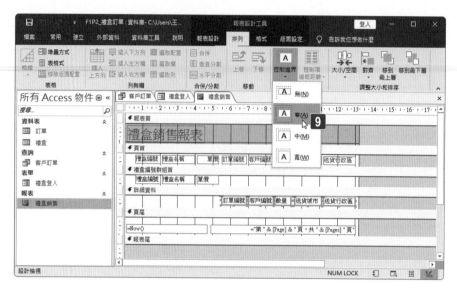

STEP09 從展開的下拉功能選單中點選〔窄〕功能選項。

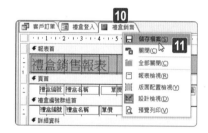

STEP10 以滑鼠右鍵點按〔禮盒銷售〕報表設計檢視的頁籤。

STEP11 從展開的快顯功能表中點選〔儲存檔案〕功能選項。

專案 **3** 旅行社

為了處理旅行社業務資料，您正在 Access 資料庫中追蹤出團資訊以及住宿飯店相關聯繫狀況。

1 —— 2 —— 3 —— 4 —— 5

在〔團訊〕資料表和〔報名清單〕資料表之間對現有一對多關聯性執行強迫參考完整性。確保在〔團訊〕資料表中對「團號」欄位所做的變更也會影響到〔報名清單〕資料表的「旅行團編號」欄位的變更。請確保認可並儲存此次的設定。

評量領域：管理資料庫
評量目標：管理資料表關聯性與索引鍵
評量技能：啟用參考完整性

解題步驟

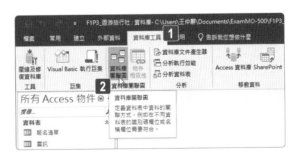

STEP**01** 開啟資料庫後，點按功能區裡的〔資料庫工具〕索引標籤。

STEP**02** 點按〔資料庫關聯圖〕群組裡的〔資料庫關聯圖〕命令按鈕。

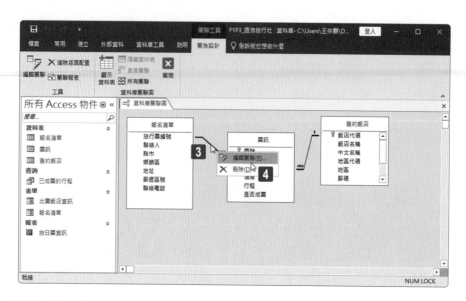

STEP03 開啟資料庫關聯圖檢視畫面，以滑鼠右鍵點按一下〔報名清單〕資料表與〔團訊〕資料表之間既有的關聯線條。

STEP04 從展開的快顯功能表中點選〔編輯關聯〕功能選項

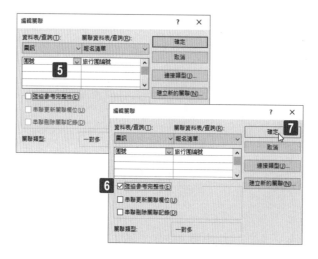

STEP05 開啟〔編輯關聯〕對話方塊，確認目前的關聯設定是〔團訊〕資料表中的「團號」欄位，對應著〔報名清單〕資料表的「旅行團編號」欄位。

STEP06 勾選〔強迫參考完整性〕核取方塊。

STEP07 點按〔確定〕按鈕，結束並關閉〔編輯關聯〕對話方塊的操作。

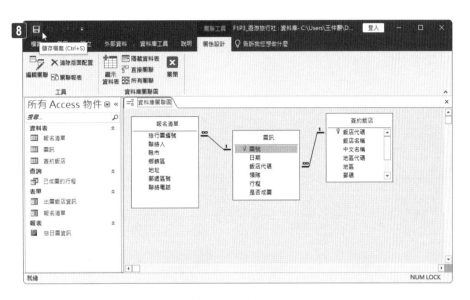

^{STEP}**08** 點按視窗左上角的〔儲存檔案〕按鈕。

將〔已成團的行程〕查詢的查詢類型變更為〔更新〕查詢。修改此查詢，使其可以針對所有地區代碼是 KANAGAWA 的資料，將〔團訊〕資料表的「是否成團」欄位值設定為「Yes」。儲存並執行查詢。

評量領域：建立與修改查詢

評量目標：建立與執行查詢

評量技能：建立基本的動作查詢

〔解題步驟〕

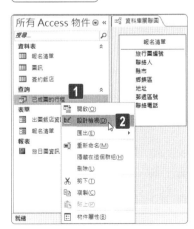

^{STEP}**01**

以滑鼠右鍵點按〔已成團的行程〕查詢。

^{STEP}**02**

從展開的快顯功能表中點選〔設計檢視〕。

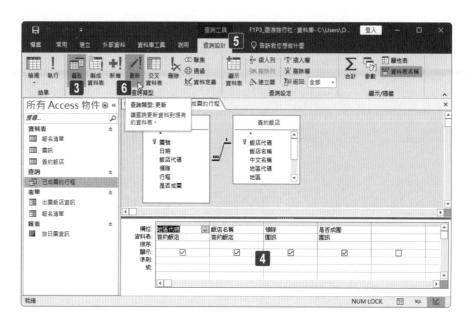

STEP**03** 進入〔已成團的行程〕查詢的查詢設計檢視畫面，目前此查詢的類型是屬於〔選取〕查詢。

STEP**04** 此查詢目前有 4 個資料輸出欄位。

STEP**05** 點按功能區上方〔查詢工具〕底下的〔查詢設計〕索引標籤。

STEP**06** 點按〔查詢類型〕群組裡的〔更新〕命令按鈕。

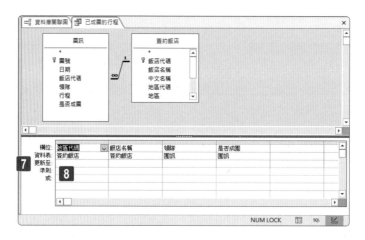

STEP**07** 在查詢設計檢視畫面下半部的 QBE(Query By Example) 區域裡，立即顯示〔更新至〕的資料列。

STEP**08** 點選隸屬於〔簽約飯店〕資料表的「地區代碼」欄位下方的〔準則〕資料列。

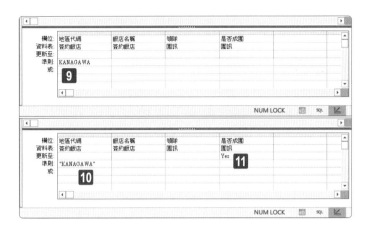

^{STEP}**09** 　輸入「KANAGAWA」。

^{STEP}**10** 　所輸入的文字準則內容會自動形成字串格式。

^{STEP}**11** 　點選隸屬於〔團訊〕資料表的「是否成團」欄位下方的〔更新至〕資
　　　料列，並輸入「Yes」。

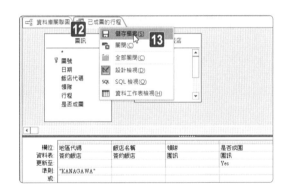

^{STEP}**12**

以滑鼠右鍵點按〔已成團的行程〕
查詢設計檢視的頁籤。

^{STEP}**13**

從展開的快顯功能表中點選〔儲存
檔案〕功能選項。

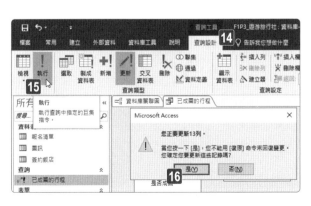

^{STEP}**14**

點按功能區裡〔查詢工具〕底下的
〔查詢設計〕索引標籤。

^{STEP}**15**

點按〔結果〕群組裡的〔執行〕命
令按鈕。

^{STEP}**16**

執行此查詢後將更新多筆資料紀
錄，顯示正要更新的確認對話方塊
後，點按〔是〕按鈕。

1 — **2** — **3** — **4** — **5**

在〔出團飯店資訊〕表單上,於「日期」和「領隊」欄位之間的兩個空白列中,插入來自〔簽約飯店〕資料表的「中文名稱」和「地區代碼」的欄位及標籤。注意:順序和位置不重要,最後請儲存表單。

評量領域:在版面配置檢視中修改表單

評量目標:設定表單控制項

評量技能:新增、移動與移除表單控制項

解題步驟

STEP**01**

以滑鼠右鍵點按〔出團飯店資訊〕表單。

STEP**02**

從展開的快顯功能表中點選〔設計檢視〕。

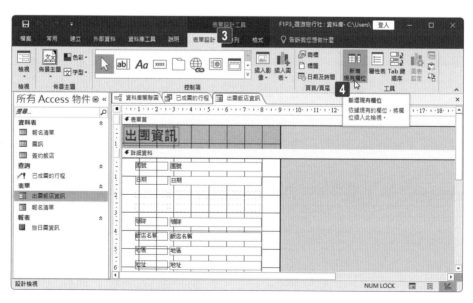

STEP**03** 進入表單設計檢視畫面後，點按〔表單設計工具〕底下的〔表單設計〕索引標籤。

STEP**04** 點按〔工具〕群組裡的〔新增現有欄位〕命令按鈕，可以在檢視畫面的右側開啟或關閉〔欄位清單〕工作窗格。請確認可以在檢視畫面右側看到〔欄位清單〕工作窗格。

STEP**05** 點按〔欄位清單〕工作窗格裡的〔顯示所有資料表〕選項。

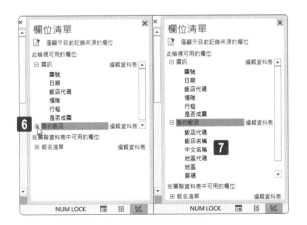

STEP**06** 點按〔簽約飯店〕資料表名稱前的展開按鈕。

STEP**07** 顯示〔簽約飯店〕資料表裡可以使用資料欄位。

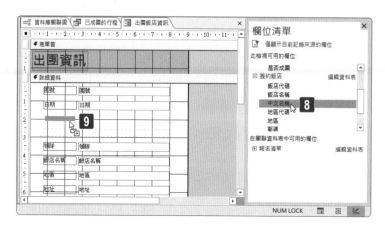

STEP08 拖曳〔簽約飯店〕資料表裡的「中文名稱」欄位。

STEP09 將「中文名稱」欄位拖曳放置在表單〔詳細資料〕區段裡的「日期」
欄位控制項下方。

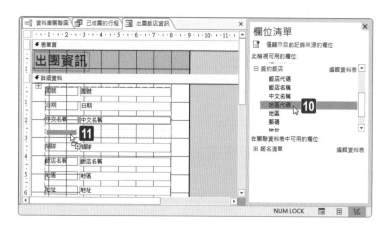

STEP10 拖曳〔簽約飯店〕資料表裡的「地區代碼」欄位。

STEP11 將「地區代碼」欄位拖曳放置在表單〔詳細資料〕區段裡的「中文名
稱」欄位控制項下方。

STEP12 以滑鼠右鍵點按〔出團飯店資訊〕表單設計檢視的頁籤。

STEP13 從展開的快顯功能表中點選〔儲存檔案〕功能選項。

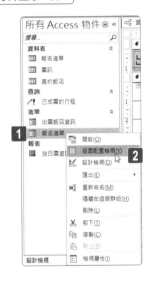

在〔報名清單〕表單中,依照「郵遞區號」欄位的遞增順序顯示記錄。儲存表單。

評量領域:在版面配置檢視中修改表單
評量目標:格式化表單
評量技能:依照表單欄位排序記錄

解題步驟

STEP01 以滑鼠右鍵點按〔報名清單〕表單。

STEP02 從展開的快顯功能表中點選〔版面配置檢視〕。

STEP03 進入〔報名清單〕表單的表單版面配置檢視畫面。

STEP04 以滑鼠右鍵點按〔郵遞區號〕控制項。

STEP05 從展開的快顯功能表中點選〔從 A 排序到 Z〕功能選項。

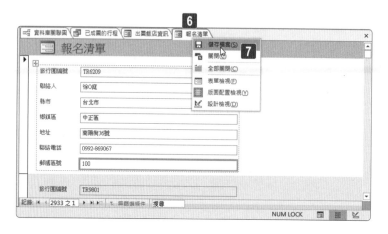

STEP**06**　以滑鼠右鍵點按〔報名清單〕表單版面配置檢視畫面的頁籤。

STEP**07**　從展開的快顯功能表中點選〔儲存檔案〕功能選項。

1	2	3	4	5

在〔旅日團資訊〕報表中，依照「負責人」欄位將記錄分組。儲存報表。

評量領域：在版面配置檢視中修改報表

評量目標：設定報表控制項

評量技能：分組與排序報表中的欄位

解題步驟

STEP**01**

點選〔旅日團資訊〕報表。

STEP**02**

點按〔常用〕索引標籤。

STEP**03**

點按〔檢視〕群組裡的〔檢視〕命令鈕。

STEP**04**

從展開的功能選單中點選〔設計檢視〕功能選項。

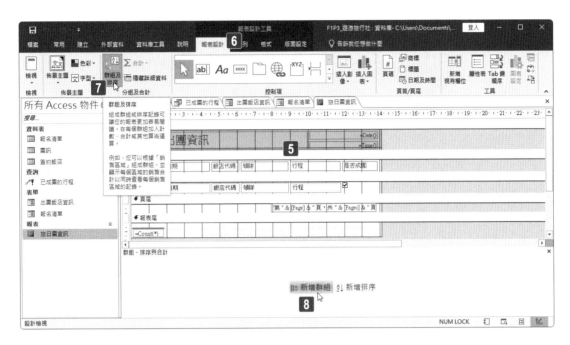

STEP**05** 進入〔旅日團資訊〕報表的設計檢視畫面。

STEP**06** 點按功能區裡〔報表設計工具〕底下的〔報表設計〕索引標籤。

STEP**07** 點按〔分組及合計〕群組裡的〔群組及排序〕命令按鈕。

STEP**08** 報表設計檢視畫面下方立即顯示群組操作窗格,點按〔新增群組〕。

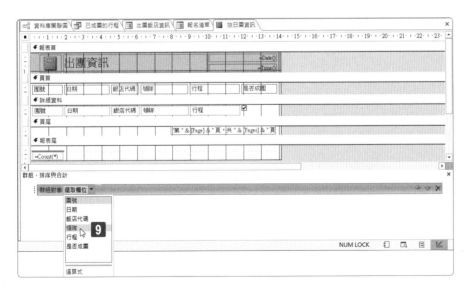

STEP**09** 立即展開群組對象選單,點選〔領隊〕,也就是以「領隊」欄位作為
報表群組依據。

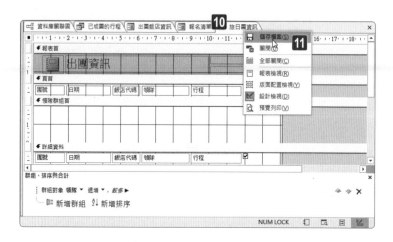

STEP**10** 以滑鼠右鍵點按〔旅日團資訊〕報表設計檢視畫面的頁籤。

STEP**11** 從展開的快顯功能表中點選〔儲存檔案〕功能選項。

此任務並未要求執行編輯完成的報表,但是,我們可以從下方的例圖中看出,未設定群組的報表 (圖左),以及已設定「領隊」為群組依據的報表 (圖右),兩者之間的不同之處,即圖右的報表裡同一個領隊所帶團的資料記錄可以列印在一起。

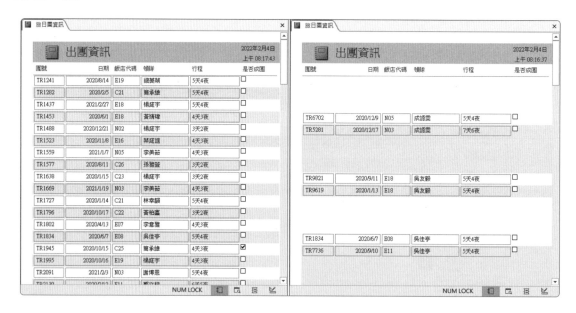

專案 **4** 專案顧問

您正在建立用來追蹤專案顧問公司裡專案計畫的 Access 資料庫，並且將外部資料連結到資料庫中。

1 **2** **3** **4** **5**

在〔專案清單〕資料表中，將「ID」欄位設為主索引鍵，儲存並關閉資料表。

評量領域：管理資料庫
評量目標：管理資料表關聯性與索引鍵
評量技能：設定主索引鍵

解題步驟

STEP **01** 以滑鼠右鍵點按〔專案清單〕資料表。

STEP **02** 從展開的快顯功能表中點選〔設計檢視〕。

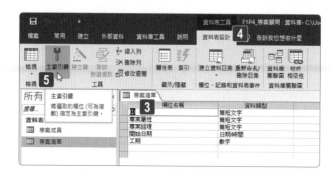

STEP**03**　開啟〔專案清單〕資料表的設計檢視畫面,點選「ID」欄位。

STEP**04**　點按功能區裡〔資料表工具〕底下〔資料表設計〕索引標籤。

STEP**05**　點按〔工具〕群組裡的〔主索引鍵〕命令按鈕。

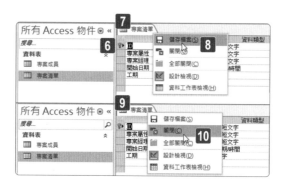

STEP**06**　完成「ID」欄位的主索引鍵設定後,此欄位名稱的左側會顯示一個金黃色鑰匙的圖示。

STEP**07**　以滑鼠右鍵點按〔專案清單〕資料表設計檢視畫面的頁籤。

STEP**08**　從展開的快顯功能表中點選〔儲存檔案〕功能選項。

STEP**09**　再次以滑鼠右鍵點按〔專案清單〕資料表設計檢視畫面的頁籤。

STEP**10**　從展開的快顯功能表中點選〔關閉〕功能選項。

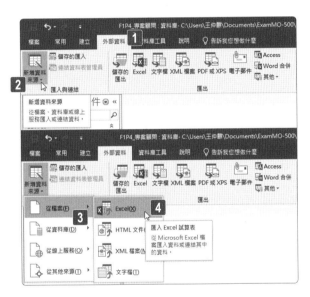

建立名為〔客戶名冊〕的資料表，使其可以連結到〔ExamMO-500〕資料夾中的客戶名冊活頁簿。接受所有其他預設選項。

評量領域：建立與修改資料表
評量目標：建立資料表
評量技能：從外部來源建立連結資料表

解題步驟

STEP**01** 點按功能區裡的〔外部資料〕索引標籤。

STEP**02** 點按〔匯入與連結〕群組裡的〔新增資料來源〕命令按鈕。

STEP**03** 從展開的下拉式功能選單中點選〔從檔案〕選項。

STEP**04** 再從展開的副選單中點選〔Excel〕選項。

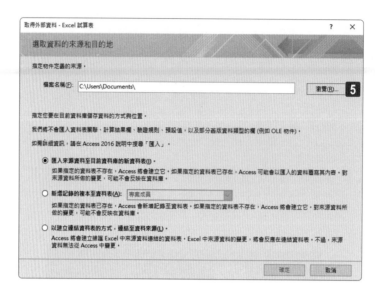

STEP**05**　開啟〔取得外部資料 -Excel 試算表〕對話操作，點按〔瀏覽〕按鈕。

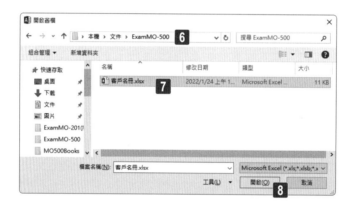

STEP**06**　開啟〔開啟舊檔〕對話方塊，選擇路徑為〔ExamMO-500〕資料夾。

STEP**07**　點選〔客戶名冊〕活頁簿檔案。

STEP**08**　點按〔開啟〕按鈕。

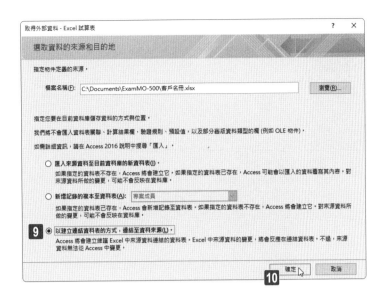

STEP**09** 回到〔取得外部資料 -Excel 試算表〕對話操作,點按〔以建立連結資
料表的方式,連結至資料來源〕選項。

STEP**10** 點按〔確定〕按鈕。

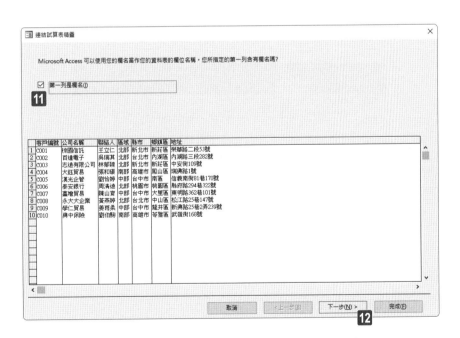

STEP**11** 開啟〔連結試算表精靈〕對話操作,勾選〔第一列是欄名〕核取方塊。

STEP**12** 點按〔下一步〕按鈕。

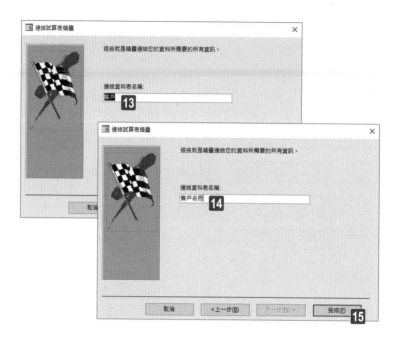

STEP**13** 選取並刪除預設的連結資料表名稱。

STEP**14** 輸入自訂的連結資料表名稱為「客戶名冊」。

STEP**15** 點按〔完成〕按鈕。

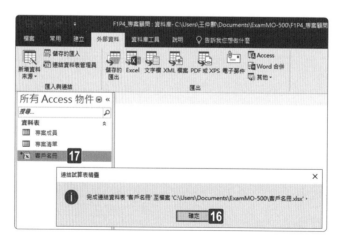

STEP**16** 顯示完成連結資料表的確認對話，點按〔確定〕按鈕。

STEP**17** Access 資料庫檔案畫面左側的物件窗格裡，立即包含了剛剛完成的 Excel 活頁簿連結資料表 (Excel 圖示)。

在〔專案清單〕資料表中的「專案名稱」裡,將每個「資通建設」一詞取代為「資訊與通訊建設」。儲存並關閉資料表。

評量領域:建立與修改資料表
評量目標:管理資料表記錄
評量技能:尋找及取代資料

解題步驟

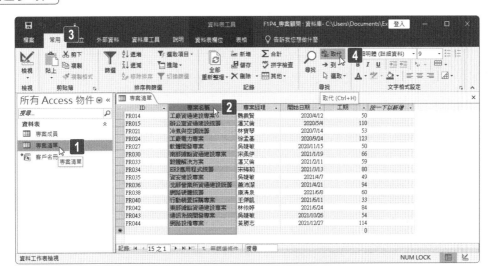

STEP**01** 點按兩下〔專案清單〕資料表。

STEP**02** 開啟〔專案清單〕資料表的檢視畫面後,點選整個「專案名稱」欄位。

STEP**03** 點按功能區裡的〔常用〕索引標籤。

STEP**04** 點按〔尋找〕群組裡的〔取代〕命令按鈕。

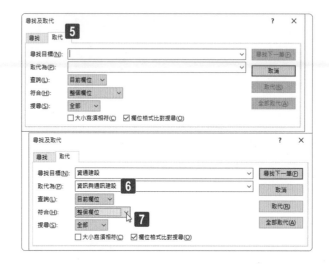

STEP**05** 開啟〔尋找及取代〕對話方塊，自動切換至〔取代〕頁籤。

STEP**06** 在〔尋找目標〕文字方塊裡輸入「資通建設」；在〔取代為〕文字方塊裡輸入「資訊與通訊建設」。

STEP**07** 點選〔符合〕下拉式選單按鈕。

STEP**08** 點選〔欄位的任何部分〕選項。

STEP**09** 點按〔全部取代〕按鈕。

STEP**10**　顯示不能復原此取代操作的警示對話，點按〔是〕按鈕。

STEP**11**　點按〔尋找及取代〕對話方塊右上方的關閉按鈕，結束並完成取代的對話操作。

STEP**12**　以滑鼠右鍵點按〔專案清單〕資料表設計檢視畫面的頁籤。

STEP**13**　從展開的快顯功能表中點選〔儲存檔案〕功能選項。

STEP**14**　再次以滑鼠右鍵點按〔專案清單〕資料表設計檢視畫面的頁籤。

STEP**15**　從展開的快顯功能表中點選〔關閉〕功能選項。

1 —— **2** —— **3** —— **4** —— **5**

在〔專案成員〕資料表中，將「本薪」欄位的資料類型變更為貨幣。儲存並關閉資料表。

評量領域：建立與修改資料表

評量目標：建立與修改欄位

評量技能：變更欄位資料類型

解題步驟

STEP**01**

以滑鼠右鍵點按〔專案成員〕資料表。

STEP**02**

從展開的快顯功能表中點選〔設計檢視〕。

STEP**03** 開啟〔專案成員〕資料表的設計檢視畫面，點選「本薪」欄位其資料類型的選項按鈕。

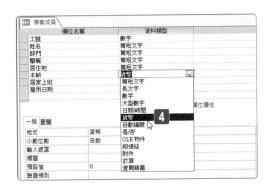

^{STEP}**04** 從展開的資料類型選單中，點選〔貨幣〕，將原本設定為〔簡短文字〕
的資料類型，變更為〔貨幣〕資料類型。

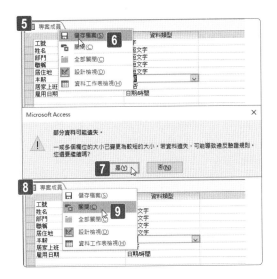

^{STEP}**05** 以滑鼠右鍵點按〔專案成員〕資料表設計檢視畫面的頁籤。

^{STEP}**06** 從展開的快顯功能表中點選〔儲存檔案〕功能選項。

^{STEP}**07** 由於此次的操作變更了資料欄位的結構，因此彈跳出部分資料可能遺
失的對話，請點按〔是〕按鈕。

^{STEP}**08** 再次以滑鼠右鍵點按〔專案成員〕資料表設計檢視畫面的頁籤。

^{STEP}**09** 從展開的快顯功能表中點選〔關閉〕功能選項。

1 ━━ 2 ━━ 3 ━━ 4 ━━ 5

使用查詢精靈並根據〔專案成員〕資料表建立交叉資料表查詢。選擇「居家上班」欄位當成列標題，並且將「雇用日期」欄位當成欄標題，以年為週期，根據「工號」欄位計算員工人數。接受預設的查詢名稱，完成精靈操作以檢視查詢結果。

評量領域：管理資料庫

評量目標：修改資料庫結構

評量技能：在導覽窗格中隱藏與顯示物件

解題步驟

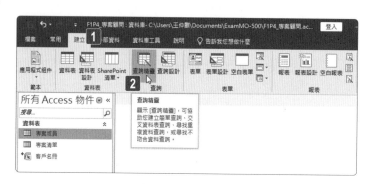

STEP**01** 點按〔建立〕索引標籤。

STEP**02** 點按〔查詢〕群組裡的〔查詢精靈〕命令按鈕。

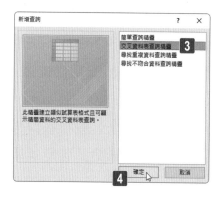

STEP**03** 開啟〔新增查詢〕對話方塊，點選〔交叉資料表查詢精靈〕選項。

STEP**04** 點按〔確定〕按鈕。

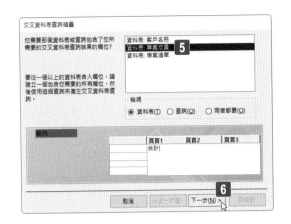

STEP**05** 開啟〔交叉資料表查詢精靈〕對話，點選〔資料表：專案成員〕選項。

STEP**06** 點按〔下一步〕按鈕。

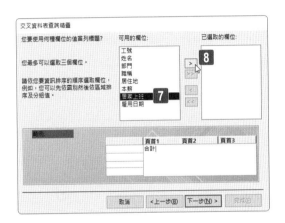

STEP**07** 點選〔居家上班〕欄位。

STEP**08** 點按〔＞〕按鈕。

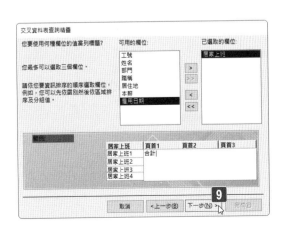

STEP**09** 點按〔下一步〕按鈕。

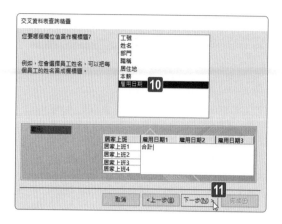

STEP**10** 點選〔雇用日期〕欄位。

STEP**11** 點按〔下一步〕按鈕。

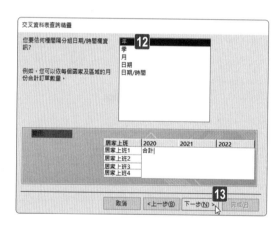

STEP**12** 點選〔年〕選項。

STEP**13** 點按〔下一步〕按鈕。

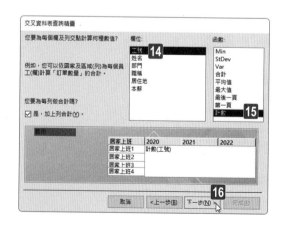

STEP**14**

點選〔工號〕欄位。

STEP**15**

點選〔計數〕函數。

STEP**16**

點按〔下一步〕按鈕。

STEP**17** 點按〔完成〕按鈕,完成並結束〔交叉資料表查詢精靈〕的對話操作。

完成〔專案成員 _ 交叉資料表〕查詢的建立並執行該查詢。

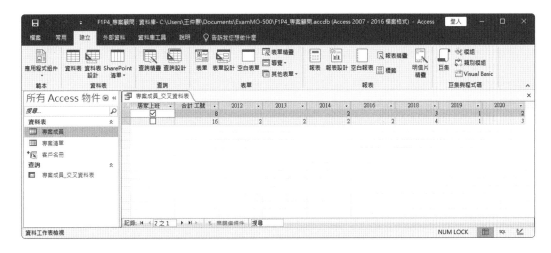

專案 **5**　音樂與藝術

藝術與音樂學苑正在使用 Access 資料庫系統管理並追蹤資料庫裡的講師與課程資料，並建立與管理相關的資料查詢和報表。

| 1 | 2 | 3 | 4 | 5 | 6 | 7 |

請取消隱藏〔付款方式〕資料表。

評量領域：管理資料庫
評量目標：修改資料庫結構
評量技能：在導覽窗格中隱藏與顯示物件

解題步驟

STEP**01**　以滑鼠右鍵點按導覽窗格頂端的標題列。

STEP**02**　從展開的快顯功能表中點選〔導覽選項〕。

STEP**03**　開啟〔導覽選項〕對話方塊，檢查〔顯示選項〕底下的〔顯示隱藏物件〕核取方塊目前是否已經勾選。

STEP**04** 確定勾選〔顯示隱藏物件〕核取方塊。

STEP**05** 點按〔確定〕按鈕。

在導覽窗格裡即可看到已經被設定為隱藏效果的物件名稱，該名稱會以淡灰色的字型呈現。此例為〔付款方式〕資料表物件。

STEP**06** 以滑鼠右鍵點按原本被設定為隱藏物件的〔付款方式〕資料表。

STEP**07** 從展開的快顯功能中點選〔資料表屬性〕功能選項。

STEP**08** 開啟〔付款方式 屬性〕對話方塊，下方的屬性設定其〔隱藏〕核取方塊目前是勾選狀態。

STEP**09**　請取消〔隱藏〕核取方塊的勾選。

STEP**10**　點按〔確定〕按鈕。

STEP**11**　原本淡灰色字型的〔付款方式〕資料表，已經變成正常的字型顏色。

1	2	3	4	5	6	7

在〔講師〕資料表的「編號」欄位和〔講師帳號〕資料表的「帳號所有人」欄位之間，建立一對多關聯。確保此關聯可以支援的連結是傳回所有來自〔講師〕資料表的記錄，即使〔講師帳號〕資料表裡並未包含相關的記錄。請接受所有其他預設的設定。

評量領域：管理資料庫

評量目標：管理資料表關聯性與索引鍵

評量技能：了解關聯性

解題步驟

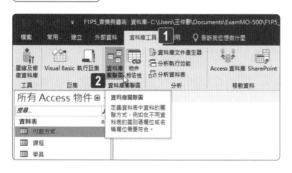

STEP**01**

點按功能區裡的〔資料庫工具〕索引標籤。

STEP**02**

點按〔資料庫關聯圖〕群組裡的〔資料庫關聯圖〕命令按鈕。

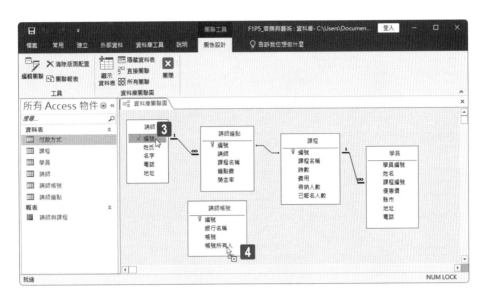

STEP**03** 開啟資料庫關聯圖檢視畫面，點選並拖曳〔講師〕資料表裡的「編號」
欄位，往〔講師帳號〕資料表的方向拖曳。

STEP**04** 將〔講師〕資料表裡的「編號」欄位拖曳疊放在〔講師帳號〕資料表
裡的「帳號所有人」欄位上。

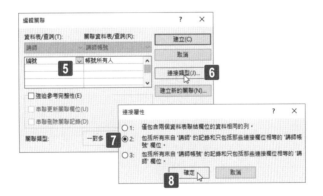

STEP**05** 開啟〔編輯關聯〕對話方塊，確認目前的關聯設定是〔講師〕資料表
中的「編號」欄位，對應著〔講師帳號〕資料表的「帳號所有人」
欄位。

STEP**06** 點按〔連接類型〕按鈕。

STEP**07** 開啟〔連接屬性〕對話方塊，點選〔2：包括所有來自 ' 講師 ' 的記錄
和只包括那些連接欄位相等的 ' 講師帳號 ' 欄位。〕選項。

STEP**08** 點按〔確定〕按鈕，結束並關閉〔連接屬性〕對話方塊的操作。

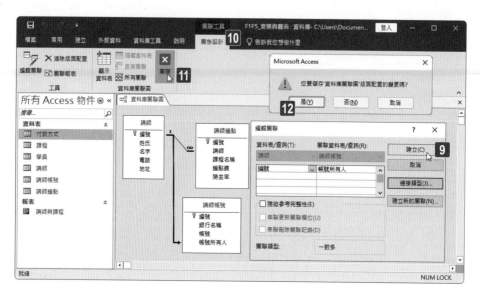

STEP**09** 回到〔編輯關聯〕對話方塊,點按〔建立〕按鈕,結束並關閉〔編輯關聯〕對話方塊的操作。

STEP**10** 點按功能區〔關聯工具〕底下的〔關係設計〕索引標籤。

STEP**11** 點按〔資料庫關聯圖〕群組裡的〔關閉〕命令按鈕。

STEP**12** 若顯示是否儲存資料庫關聯圖版面配置的變更對話,點按〔是〕按鈕。

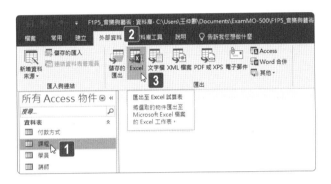

STEP**01** 　點選〔課程〕資料表。

STEP**02** 　點按〔外部資料〕索引標籤。

STEP**03** 　點按〔匯出〕群組裡的〔Excel〕命令按鈕。

STEP**04** 　開啟〔匯出 -Excel 試算表〕對話操作，點按〔瀏覽〕按鈕。

^{STEP}**05** 開啟〔儲存檔案〕對話方塊，切換至〔ExamMO-500〕資料夾路徑。

^{STEP}**06** 輸入檔案名稱為「訓練課程」(副檔名為 .xlsx)。

^{STEP}**07** 點按〔儲存〕按鈕。

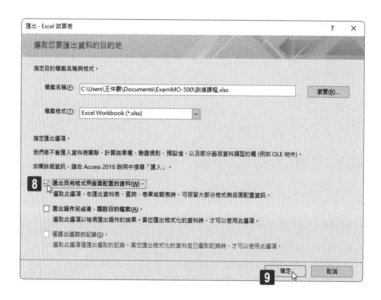

^{STEP}**08** 回到〔匯出 -Excel 試算表〕對話操作，勾選〔匯出具有格式與版面配置的資料〕核取方塊。

^{STEP}**09** 點按〔確定〕按鈕。

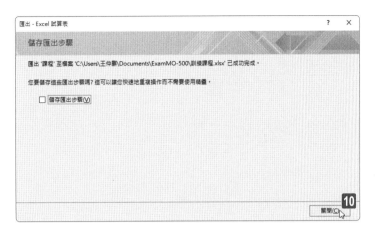

STEP**10** 點按〔關閉〕按鈕,完成並關閉〔匯出 -Excel 試算表〕的對話操作。

對〔課程〕資料表添增描述「藝術與音樂」。

評量領域:建立與修改資料表

評量目標:管理資料表

評量技能:新增資料表描述

解題步驟

STEP**01** 以滑鼠右鍵點按〔課程〕資料表。

STEP**02** 從展開的快顯功能表中點選〔資料表屬性〕功能選項。

STEP**03** 開啟〔課程 屬性〕對話方塊,點選〔描述〕文字方塊。

STEP**04** 輸入「藝術與音樂」。

STEP**05** 點按〔確定〕按鈕,完成並關閉〔課程 屬性〕對話方塊的操作。

1	2	3	4	5	6	7

在〔講師鐘點〕資料表中,將「獎金率」欄位的預設值設為 6%。儲存並關閉資料表。

評量領域:建立與修改資料表
評量目標:建立與修改欄位
評量技能:設定預設值

解題步驟

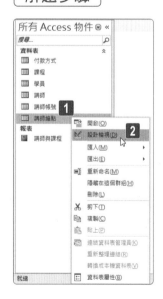

STEP**01**

以滑鼠右鍵點按〔講師鐘點〕資料表。

STEP**02**

從展開的快顯功能表中點選〔設計檢視〕功能選項。

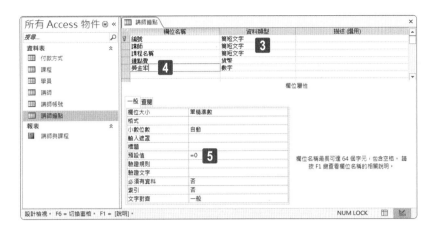

STEP**03** 開啟〔講師鐘點〕資料表的設計檢視畫面。

STEP**04** 點選「獎金率」欄位。

STEP**05** 目前該欄位的預設值是「=0」。

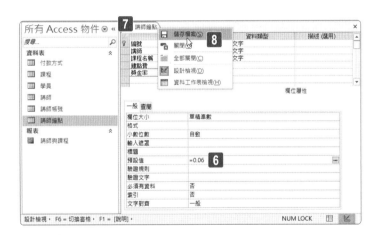

STEP**06** 將該欄位的預設值變更為「=0.06」。

STEP**07** 以滑鼠右鍵點按〔講師鐘點〕資料表設計檢視的頁籤。

STEP**08** 從展開的快顯功能表中點選〔儲存檔案〕功能選項。

STEP**09**

再次以滑鼠右鍵點按〔講師鐘點〕資料表設計檢視的頁籤。

STEP**10**

從展開的快顯功能表中點選〔關閉〕功能選項。

1	2	3	4	5	6	7

建立名為〔上課學員名單〕的查詢,使其顯示〔講師鐘點〕資料表的「講師」欄位;〔課程〕資料表的「課程名稱」欄位;以及〔學員〕資料表的「姓名」、「縣市」和「優惠價」欄位。儲存查詢。您可以執行查詢以確認結果。

評量領域:建立與修改查詢

評量目標:建立與執行查詢

評量技能:建立基本的多重資料表查詢

解題步驟

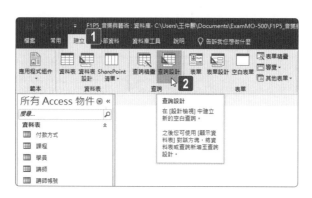

STEP**01** 點按 Access 功能區裡的〔建立〕索引標籤。

STEP**02** 點按〔查詢〕群組裡的〔查詢設計〕命令按鈕。

STEP**03** 開啟〔顯示資料表〕對話方塊。

STEP**04** 點選〔課程〕資料表。

STEP**05** 按住 Ctrl 按鍵後,再分別點選 (複選)〔學員〕資料表和〔講師鐘點〕資料表。

STEP**06** 點按〔新增〕按鈕。

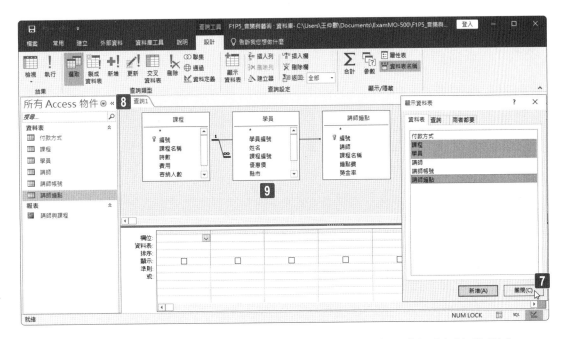

STEP**07** 點按〔關閉〕按鈕,結束並關閉〔顯示資料表〕對話方塊的操作。

STEP**08** 所建立的查詢其預設名稱為〔查詢 1〕。

STEP**09** 查詢設計檢視畫面的上半部已經顯示著所選取的三張資料表的欄名清單。

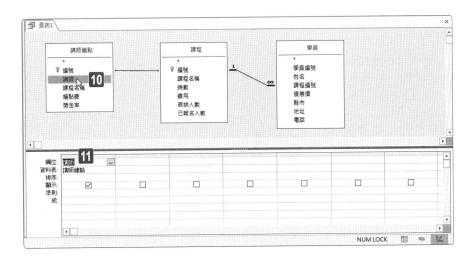

STEP**10** 點按兩下〔講師鐘點〕資料表欄名清單裡的「講師」欄位。

STEP**11** 〔講師鐘點〕資料表的「講師」欄位成為第 1 個查詢輸出欄位。

小技巧：調整查詢設計檢視的操作畫面

查詢設計檢視畫面的上半部是各個查詢資料表的欄名清單與各資料表之間的關聯圖，若有需求可以拖曳調整資料表欄名清單的所在位置，讓各資料表之間的關聯線條不會隱藏或紊亂，而且也可以適度的調整資料表欄名清單的高度，以顯示所有的欄名。

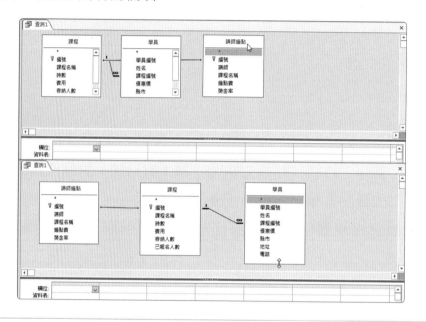

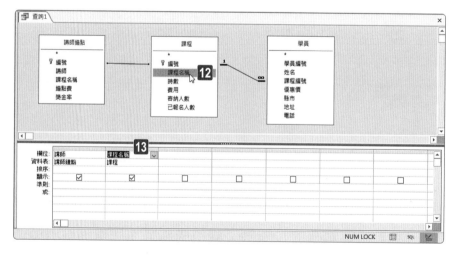

STEP**12** 點按兩下〔課程〕資料表欄名清單裡的「課程名稱」欄位。

STEP**13** 〔課程〕資料表的「課程名稱」欄位成為第 2 個查詢輸出欄位。

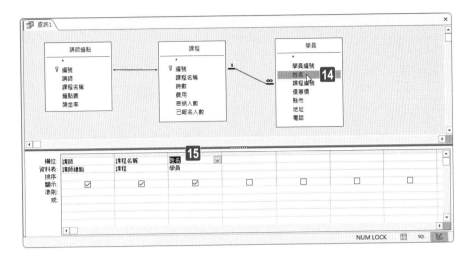

STEP**14** 點按兩下〔學員〕資料表欄名清單裡的「姓名」欄位。

STEP**15** 〔學員〕資料表的「姓名」欄位成為第 3 個查詢輸出欄位。

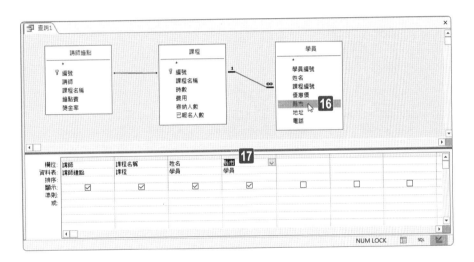

STEP**16** 點按兩下〔學員〕資料表欄名清單裡的「縣市」欄位。

STEP**17** 〔學員〕資料表的「縣市」欄位成為第 4 個查詢輸出欄位。

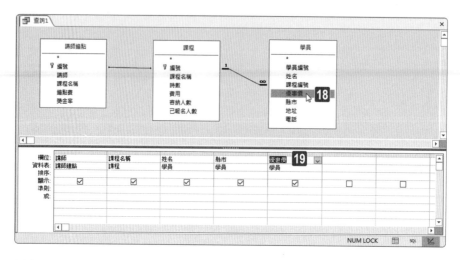

STEP18 點按兩下〔學員〕資料表欄名清單裡的「優惠價」欄位。

STEP19 〔學員〕資料表的「優惠價」欄位成為第 5 個查詢輸出欄位。

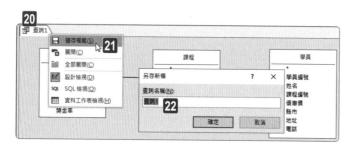

STEP20 以滑鼠右鍵點按〔查詢 1〕查詢設計檢視的頁籤。

STEP21 從展開的快顯功能表中點選〔儲存檔案〕功能選項。

STEP22 開啟〔另存新檔〕對話方塊,刪除預設的查詢名稱。

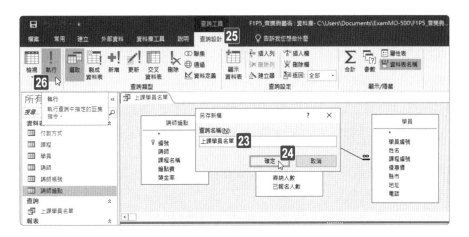

STEP**23** 輸入查詢名稱為「上課學員名單」。

STEP**24** 點按〔確定〕按鈕，結束〔另存新檔〕對話方塊的操作。

STEP**25** 點按功能區裡〔查詢工具〕底下的〔查詢設計〕索引標籤。

STEP**26** 點按〔結果〕群組裡的〔執行〕命令按鈕。

STEP**27** 顯示查詢結果，此〔上課學員名單〕查詢的查詢結果總共有 192 筆資料記錄。

| 1 | 2 | 3 | 4 | 5 | 6 | 7 |

對〔講師與課程〕報表進行下列變更：首先變更〔詳細資料〕區段中的變更背景色彩，使用標準色彩調色盤的〔紫色 2〕(紅色：「223」，綠色：「219」，藍色：「231」)。然後，將〔頁首〕區段裡欄位標籤的字型格式設定為 12 點〔粗體〕。儲存報表。

評量領域：在版面配置檢視中修改報表
評量目標：格式化報表
評量技能：格式化報表元素

小提醒

此題目所論及的「變更背景色彩」並不是要我們「變更」報表的「背景色彩」，因為「變更背景色彩」本身是一個名詞，英文原名為 Alternate Back Color，是屬於表單〔詳細區段〕裡的屬性，用來設定資料列的偶數列背景色彩，如下圖所示：

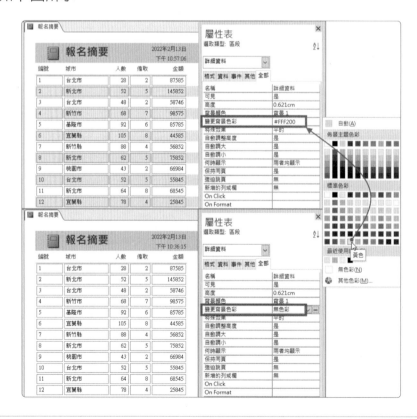

偶數列又稱之為替代列 (Alternate Row)，若設定與奇數列不同的顏色，可以讓報表的呈現更鮮明。因此，大家不要被中文題目的譯名混淆了，以為此題目是要變更背景顏色。

解題步驟

STEP**01**
以滑鼠右鍵點按〔講師與課程〕報表。

STEP**02**
從展開的快顯功能表中點選〔設計檢視〕功能選項。

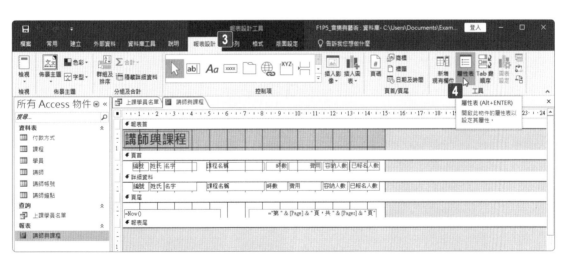

STEP**03** 進入〔講師與課程〕報表的報表設計檢視畫面。點按〔報表設計工具〕底下的〔報表設計〕索引標籤。

STEP**04** 點按〔工具〕群組裡的〔屬性表〕命令按鈕，可以在畫面右側開啟或關閉〔屬性表〕工作窗格。針對此題目的作答，請開啟〔屬性表〕工作窗格。

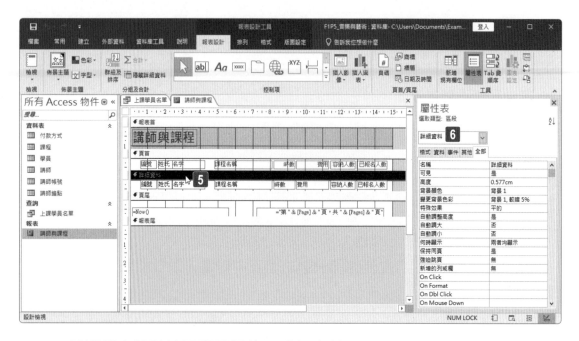

STEP05 點選報表設計檢視畫面裡的〔詳細資料〕區段。

STEP06 〔屬性表〕工作窗格立即顯示〔詳細資料〕區段裡的各項屬性選項。

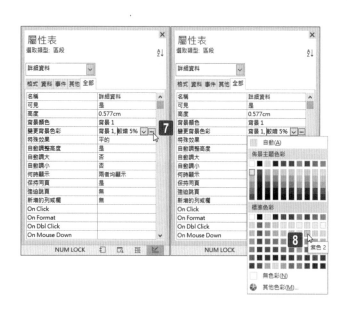

STEP07 點選〔屬性表〕工作窗格裡〔變更背景色彩〕屬性旁的〔…〕按鈕。

STEP08 從展開的色盤中點選〔標準色彩〕裡的〔紫色 2〕選項。

保險起見，您也可以再次點按自訂色彩的對話，以確保所選取的顏色完全符合題目所敘述的要求 (紅色：「223」，綠色：「219」，藍色：「231」)。

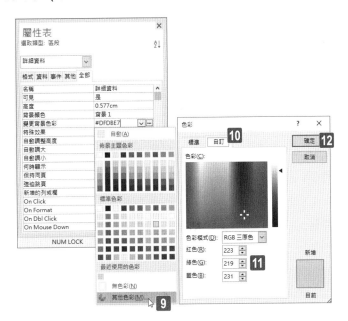

STEP**09** 再次點按〔變更背景色彩〕屬性旁的〔…〕按鈕後，從展開的色盤中點選〔其他色彩〕功能選項。

STEP**10** 開啟〔色彩〕對話方塊並點按〔自訂〕頁籤。

STEP**11** 在此確認 RGB 三原色的設定正是題目裡所描述的紅色：「223」，綠色：「219」，藍色：「231」。

STEP**12** 點按〔確定〕按鈕，結束並關閉〔色彩〕對話方塊的操作。

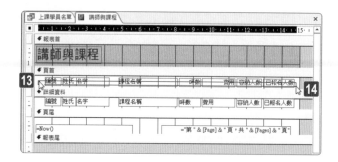

STEP**13** 滑鼠游標移至〔頁首〕區段裡的左側空白處，以滑鼠拖曳繪製一個矩形的方式，往右拖曳一個矩形。

STEP**14** 此矩形的面積大小可以囊括〔頁首〕區段裡的每一個控制項 (注意：矩形的大小只要能夠接觸到控制項即可，不見得一定要完整地將控制項都包含在所拖曳的矩形大小裡)。

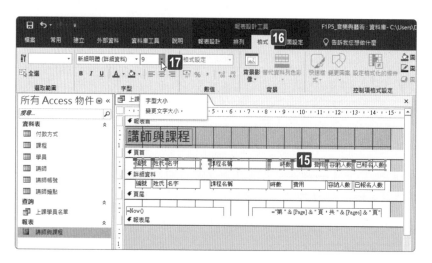

STEP**15** 完成選取後的控制項會是金黃色的邊框，代表已經順利選取這些控制項了。

STEP**16** 點按功能區上方〔報表設計工具〕底下的〔格式〕索引標籤。

STEP**17** 點按〔字型〕群組裡的〔字型大小〕命令按鈕。

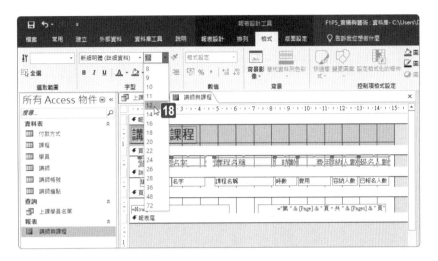

STEP**18** 從展開的下拉功能選單中點選〔12〕功能選項。

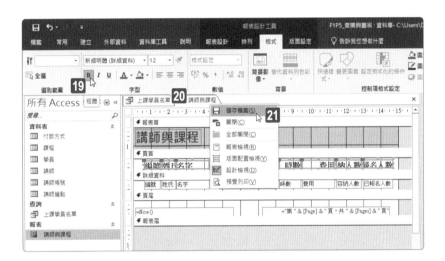

STEP**19** 點按〔字型〕群組裡的〔B〕命令按鈕。

STEP**20** 以滑鼠右鍵點按〔講師與課程〕報表設計檢視的頁籤。

STEP**21** 從展開的快顯功能表中點選〔儲存檔案〕功能選項。

專案 **6**　　體育賽事

您正在使用 Access 資料庫系統建立與體育活動相關的資料庫，可以追蹤比賽戰況，以及相關賽事與選手資訊的查詢、表單與報表。

1　　**2**　　**3**　　**4**　　**5**

在〔選手〕資料表中，為「身高 (公分)」欄位建立欄位驗證規則以符合現有驗證文字裡的敘述。儲存並關閉資料表。

評量領域：建立與修改資料表
評量目標：建立與修改欄位
評量技能：將資料驗證規則新增至欄位

解題步驟

STEP**01**　開啟資料庫後，以滑鼠右鍵點按〔選手〕資料表。

STEP**02**　從展開的快顯功能表中點選〔設計檢視〕。

STEP03 開啟〔選手〕資料表的設計檢視畫面,點選「身高 (公分)」欄位。

STEP04 屬性表裡〔驗證文字〕內已經敘述著此欄位的驗證規則為「身高必須
介於 168 公分至 210 公分之間。」所以,所建立的驗證規則必須遵循
此規範。

STEP05 點按屬性表裡〔驗證規則〕空白方塊。

STEP06 在欄位屬性的〔驗證規則〕裡輸入「Between 168 And 210」公式。

STEP07 以滑鼠右鍵點按〔選手〕資料表設計檢視的頁籤。

STEP08 從展開的快顯功能表中點選〔儲存檔案〕功能選項。

STEP**09** 若畫面有彈跳出資料整合規則已經變更的對話方塊,請點按〔是〕按鈕。

STEP**10** 再次以滑鼠右鍵點按〔選手〕資料表設計檢視的頁籤。

STEP**11** 從展開的快顯功能表中點選〔關閉〕功能選項。

```
┌─1─┐─┌─2─┐─┌─3─┐─┌─4─┐─┌─5─┐
```

修改〔平均得分〕查詢,使其僅傳回平均得分超過「80」分的賽事。儲存查詢。您可以執行查詢以確認結果。

評量領域:建立與修改查詢

評量目標:修改查詢

評量技能:篩選查詢中的資料

〔解題步驟〕

STEP**01**

以滑鼠右鍵點按〔平均得分〕查詢。

STEP**02**

從展開的快顯功能表中點選〔設計檢視〕。

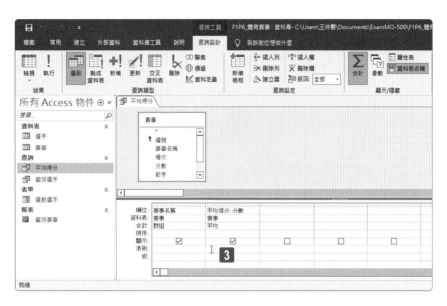

^{STEP}**03** 進入〔平均得分〕查詢的查詢設計檢視畫面,點選〔平均得分:分數〕
欄位下方的〔準則〕資料列。

^{STEP}**04** 輸入該欄位的準則條件為「>80」。

^{STEP}**05** 以滑鼠右鍵點按〔平均得分〕查詢設計檢視的頁籤。

^{STEP}**06** 從展開的快顯功能表中點選〔儲存檔案〕功能選項。

^{STEP}**07** 點按功能區裡〔查詢工具〕底下的〔查詢設計〕索引標籤。

^{STEP}**08** 點按〔結果〕群組裡的〔執行〕命令按鈕。

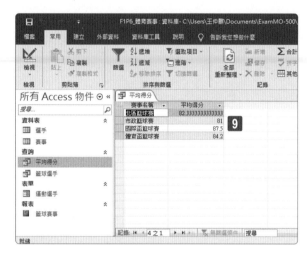

STEP09 查詢結果顯示平均得分超過 80 的資料記錄有 4 筆。

1 —— 2 —— 3 —— 4 —— 5

修改〔籃球選手〕查詢,使其「體重 (公斤)」欄位僅顯示數值至小數點後一位。儲存查詢。您可以執行查詢以確認結果。

評量領域:建立與修改查詢
評量目標:修改查詢
評量技能:格式化查詢中的欄位

解題步驟

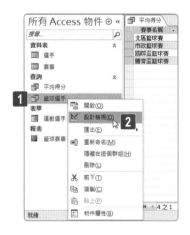

STEP01 以滑鼠右鍵點按〔籃球選手〕查詢。

STEP02 從展開的快顯功能表中點選〔設計檢視〕。

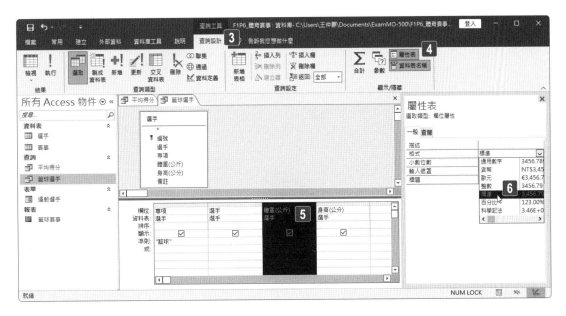

STEP**03** 進入〔籃球選手〕查詢的查詢設計檢視畫面,若畫面右側未開啟〔屬性表〕工作窗格,請點按〔查詢工具〕底下〔查詢設計〕檢視索引標籤。

STEP**04** 點按〔顯示 / 隱藏〕群組裡的〔屬性表〕命令按鈕。

STEP**05** 點選查詢設計檢視畫面裡的〔體重 (公斤)〕欄位。

STEP**06** 點選〔屬性表〕裡的〔格式〕屬性,設定為〔標準〕。

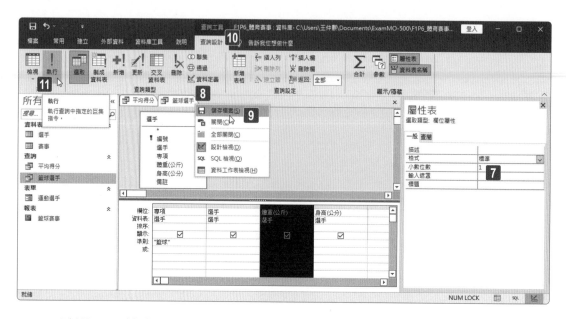

STEP**07** 點選〔屬性表〕裡的〔小數位數〕屬性，輸入小數位為「1」。

STEP**08** 以滑鼠右鍵點按〔籃球選手〕查詢設計檢視的頁籤。

STEP**09** 從展開的快顯功能表中點選〔儲存檔案〕功能選項。

STEP**10** 點按功能區裡〔查詢工具〕底下的〔查詢設計〕索引標籤。

STEP**11** 點按〔結果〕群組裡的〔執行〕命令按鈕。

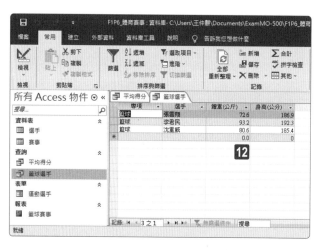

STEP**12** 查詢結果顯示「體重 (公斤)」欄位僅顯示數值至小數點後一位。

1 — **2** — **3** — **4** — **5**

在〔運動選手〕表單中,此「專項」控制項的寬度與其標籤相同,高度與「體重」控制項相同。儲存表單。

評量領域:在版面配置檢視中修改表單

評量目標:設定表單控制項

評量技能:新增、移動與移除表單控制項

解題步驟

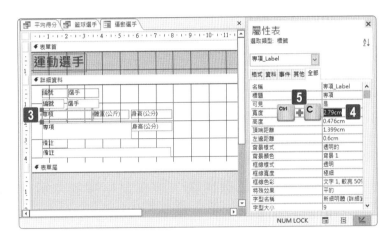

STEP**01** 以滑鼠右鍵點按〔運動選手〕表單。

STEP**02** 從展開的快顯功能表中點選〔設計檢視〕。

STEP**03** 進入表單設計檢視畫面後,點選〔詳細區段〕裡的「專項」標籤控制項。

STEP**04** 從畫面右側〔屬性表〕工作窗格裡的〔寬度〕屬性可以看到此標籤控制項的寬度為「2.79cm」,選取此數值。

STEP**05** 按下 Ctrl + C 按鍵,複製此數值。

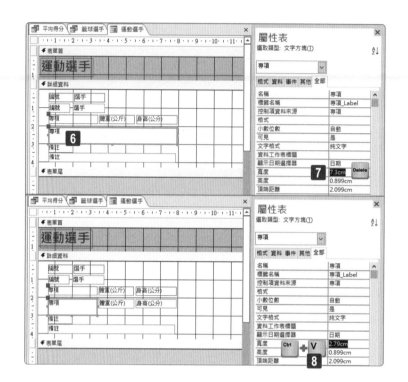

STEP06 點選〔詳細區段〕裡的「專項」控制項。

STEP07 從畫面右側〔屬性表〕工作窗格裡的〔寬度〕屬性可以看到此控制項原本的寬度，選取此數值並按下 Delete 按鍵刪除之。

STEP08 按下 Ctrl + V 按鍵，將寬度變更為「2.79cm」。

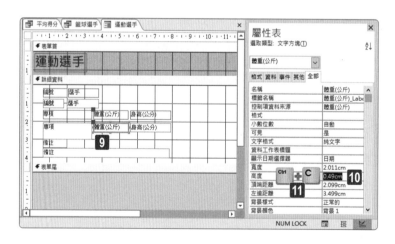

STEP09 進入表單設計檢視畫面後，點選〔詳細區段〕裡的「體重 (公斤)」控制項。

STEP **10** 從畫面右側〔屬性表〕工作窗格裡的〔高度〕屬性可以看到此控制項的高度為「0.49cm」，選取此數值。

STEP **11** 按下 Ctrl + C 按鍵，複製此數值。

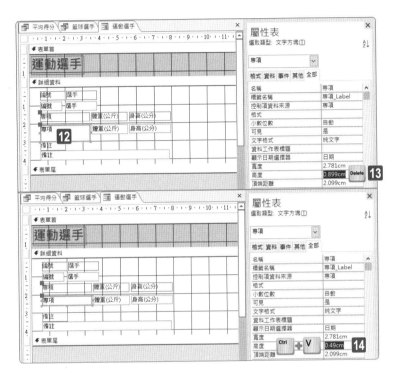

STEP **12** 點選〔詳細區段〕裡的「專項」控制項。

STEP **13** 從畫面右側〔屬性表〕工作窗格裡的〔高度〕屬性可以看到此控制項原本的寬度，選取此數值並按下 Delete 按鍵刪除之。

STEP **14** 按下 Ctrl + V 按鍵，將寬度變更為「0.49cm」。

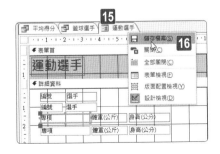

STEP **15** 以滑鼠右鍵點按〔運動選手〕表單設計檢視的頁籤。

STEP **16** 從展開的快顯功能表中點選〔儲存檔案〕功能選項。

1 — **2** — **3** — **4** — 5

在〔籃球賽事〕報表中,將賽事名稱(非標籤)格式化為〔粗體〕。將色彩變更為〔紫色,輔色4,較深25%〕(紅色:「96」,綠色:「74」,藍色:「123」)。儲存報表。

評量領域:在版面配置檢視中修改報表
評量目標:格式化報表
評量技能:格式化報表元素

解題步驟

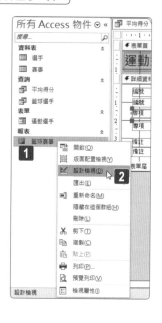
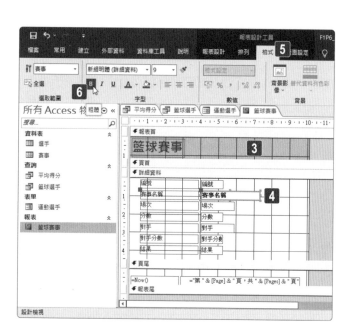

STEP01　以滑鼠右鍵點按〔籃球賽事〕報表。

STEP02　從展開的快顯功能表中點選〔設計檢視〕。

STEP03　進入〔籃球賽事〕報表的報表設計檢視畫面。

STEP04　點選〔詳細資料〕區段裡的「賽事名稱」控制項。

STEP05　點按功能區上方〔報表設計工具〕底下的〔格式〕索引標籤。

STEP06　點按〔字型〕群組裡的〔B〕命令按鈕。

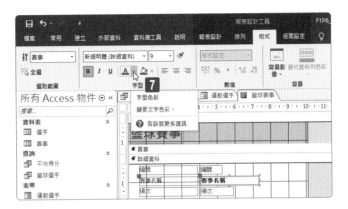

STEP**07** 點按〔字型〕群組裡的〔字型色彩〕命令按鈕。

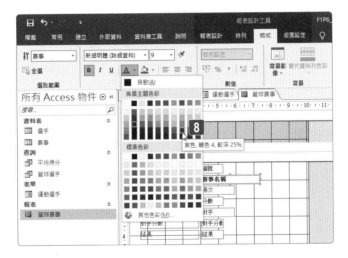

STEP**08** 從展開的下拉功能選單中點選〔佈景主題色彩〕裡的〔紫色，輔色 4，較深 25%〕選項。

保險起見，您也可以再次點按自訂色彩的對話，以確保所選取的顏色完全符合題目所敘述的要求 (紅色：「96」，綠色：「74」，藍色：「123」)。

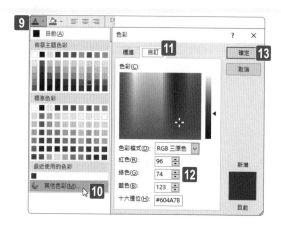

STEP09 再次點按〔字型色彩〕命令按鈕的下拉式選項按鈕。

STEP10 從展開的色盤中點選〔其他色彩〕功能選項。

STEP11 開啟〔色彩〕對話方塊並點按〔自訂〕頁籤。

STEP12 在此確認 RGB 三原色的設定正是題目裡所描述的紅色：「96」，綠色：「74」，藍色：「123」。

STEP13 點按〔確定〕按鈕，結束並關閉〔色彩〕對話方塊的操作。

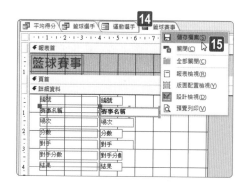

STEP14 以滑鼠右鍵點按〔籃球賽事〕報表設計檢視的頁籤。

STEP15 從展開的快顯功能表中點選〔儲存檔案〕功能選項。

模擬試題 II

此小節設計了一組包含 **Access** 各項必備進階技能的評量
實作題目，可以協助讀者順利挑戰各種與 **Access** 相關的
進階認證考試，共計有 **6** 個專案，每個專案包含 **4～7** 項
的任務。

專案 **1** 運動用品

您正在為運動用品公司管理 Access 資料庫,準備更新與運動商品相關的資料庫,包含了資料表、查詢和表單。

| 1 | 2 | 3 | 4 | 5 |

請刪除〔商品〕資料表裡的「預約截止日」欄位。儲存並關閉資料表。

評量領域:建立與修改資料表

評量目標:建立與修改欄位

評量技能:新增與移除欄位

〔解題步驟〕

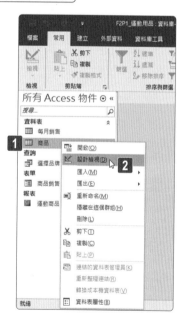
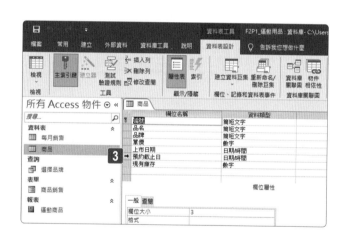

STEP**01** 開啟資料庫後,以滑鼠右鍵點按〔商品〕資料表。

STEP**02** 從展開的快顯功能表中點選〔設計檢視〕。

STEP**03** 開啟〔商品〕資料表的設計檢視畫面,滑鼠游標停在欄位名稱上,例如:「預約截止日」欄位,將呈黑色朝右箭頭狀。

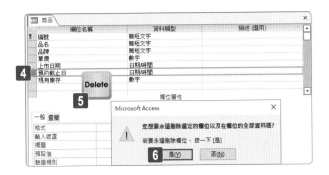

STEP**04** 點按一下即可選取欄位名稱即可選取該欄位,例如:點選了「預約截止日」欄位。

STEP**05** 點按 Delete 按鍵。

STEP**06** 顯示是否要永久刪除欄位的對話,點按〔是〕按鈕。

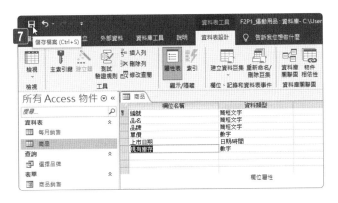

STEP**07** 點按左上角的〔儲存檔案〕工具按鈕。

STEP**08** 以滑鼠右鍵點按〔商品〕資料表設計檢視的頁籤。

STEP**09** 從展開的快顯功能表中點選〔關閉〕功能選項。

1 —— **2** —— **3** —— **4** —— **5**

修改〔選擇品牌〕查詢,以便在「品牌」欄位中建立提示文字為「輸入商品品牌」的參數查詢,在設定查詢準則後,儲存查詢。然後,執行查詢並查詢「高登」品牌的資料記錄。

評量領域:建立與修改查詢

評量目標:建立與執行查詢

評量技能:建立基本的參數查詢

解題步驟

STEP**01**

以滑鼠右鍵點按〔選擇品牌〕查詢。

STEP**02**

從展開的快顯功能表中點選〔設計檢視〕。

此查詢共有 3 個查詢輸出欄位,其中「品牌」欄位來自〔商品〕資料表。而此題目的參數查詢會涉獵到此欄位,因此,在建立參數時必須先理解〔商品〕資料表裡的「品牌」欄位是什麼資料型態。

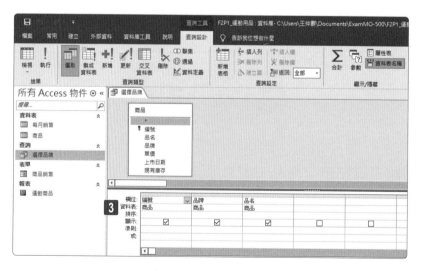

STEP**03** 進入〔選擇品牌〕查詢的查詢設計檢視畫面,「品牌」欄位是來自〔商品〕資料表。

^{STEP}**04** 以滑鼠右鍵點按〔商品〕資料表名稱。

^{STEP}**05** 從展開的快顯功能表中點選〔設計檢視〕。

^{STEP}**06** 在〔商品〕資料表的設計檢視畫面中可以看到「品牌」欄位的資料類型是屬於〔簡短文字〕。

^{STEP}**07** 瞭解後點按〔商品〕資料表設計檢視畫面的頁籤。

^{STEP}**08** 從展開的快顯功能表點選〔關閉〕功能選項。

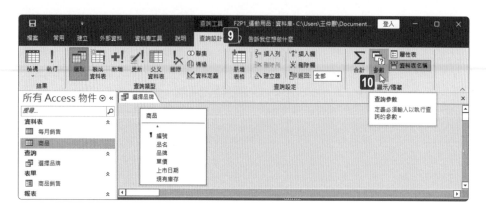

STEP09 回到〔選擇品牌〕查詢的查詢設計檢視畫面，點按功能區上方〔查詢工具〕底下的〔查詢設計〕索引標籤。

STEP10 點按〔顯示/隱藏〕群組裡的〔參數〕命令按鈕。

STEP11 開啟〔查詢參數〕對話方塊，點選〔參數〕方塊。

STEP12 輸入此參數查詢的提示文字為「輸入商品品牌」。

STEP13 選擇此參數查詢的資料類型是〔簡短文字〕。

STEP14 點按〔確定〕按鈕。

所建立的參數查詢之提示文字，可以視為變數，再進行查詢數所輸入的查詢值便是此變數內容。所以，此例的查詢變數便是字串資料類型的「輸入商品品牌」。

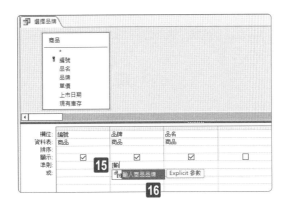

STEP15　在查詢設計檢視畫面下半部的 QBE(Query By Example) 區域裡，點選隸屬於〔商品〕資料表的「品牌」欄位下方的〔準則〕資料列，在此輸入「[輸」。

STEP16　Access 會自動顯示以「輸」為首的參數名稱。例如：「輸入商品品牌」。請點按兩下此「輸入商品品牌」參數。

小技巧：自動完成公式裡的欄名或控制項名稱

在查詢設計畫面的〔準則〕資料列裡輸入公式時，若含有欄名、變數或控制項名稱，則只要輸入第一個字母或單字，便會自動顯示相同文字開頭的選項清單，讓使用者不需輸入完整的文字即可從清單中點選所要的欄位、變數或控制項，迅速完成公式的建立。此外，在 Access 資料庫系統中，公式裡所描述的資料欄位或變數，其名稱的兩側必須有一對中括號標示，例如：[品牌]、[輸入商品品牌]。

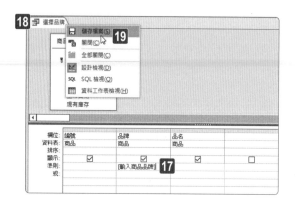

^{STEP}**17** 〔準則〕資料列裡輸入的是「[輸入商品品牌]」，亦即此查詢的比對
準將是「品牌」欄位內容是符合「[輸入商品品牌]」內容的資料記錄。

^{STEP}**18** 以滑鼠右鍵點按〔選擇品牌〕查詢設計檢視的頁籤。

^{STEP}**19** 從展開的快顯功能表中點選〔儲存檔案〕功能選項。

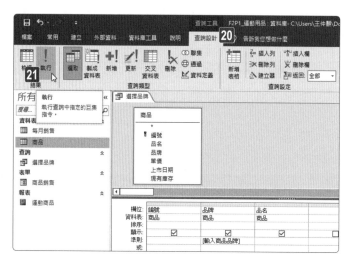

^{STEP}**20** 點按功能區裡〔查詢工具〕底下的〔查詢設計〕索引標籤。

^{STEP}**21** 點按〔結果〕群組裡的〔執行〕命令按鈕。

^{STEP}**22** 開啟〔輸入參數值〕對話方塊。

^{STEP}**23** 在輸入商品品牌文字方塊裡輸入「高登」。此輸
入值即成為「[輸入商品品牌]」參數的內容。

^{STEP}**24** 點按〔確定〕按鈕。

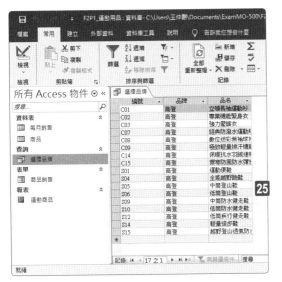

STEP**25**

執行此查詢後的結果便是顯示「品牌」欄位內容為「[輸入商品品牌]」參數內容的資料記錄,也就是所有品牌名稱為「高登」的資料記錄。

1 ── 2 ── 3 ── 4 ── 5

修改〔商品銷售〕表單,將標題從「輸入每月商品銷售標題」變更為「每月商品銷售」。儲存表單。

評量領域:在版面配置檢視中修改表單
評量目標:設定表單控制項
評量技能:新增與修改表單標籤

解題步驟

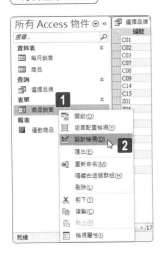

STEP**01**

以滑鼠右鍵點按〔商品銷售〕表單。

STEP**02**

從展開的快顯功能表中點選〔設計檢視〕。

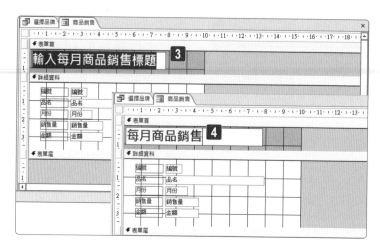

STEP**03** 進入表單設計檢視畫面後，選取〔表單首〕區段裡的標題文字「輸入
每月商品銷售標題」，修改此文字內容。

STEP**04** 將標題文字改成「每月商品銷售」。

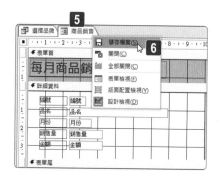

STEP**05** 以滑鼠右鍵點按〔商品銷售〕表單設計檢視的頁籤。

STEP**06** 從展開的快顯功能表中點選〔儲存檔案〕功能選項。

| 1 | 2 | 3 | 4 | 5 |

在〔商品銷售〕表單的表單首中,以 24 小時制格式顯示目前時間 (僅顯示小時和分鐘)。注意:大小和位置不重要。請勿顯示日期。儲存表單。

評量領域:在版面配置檢視中修改表單

評量目標:格式化表單

評量技能:在表單頁首與頁尾插入資訊

解題步驟

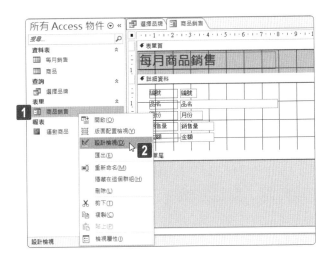

STEP**01** 以滑鼠右鍵點按〔商品銷售〕表單。

STEP**02** 從展開的快顯功能表中點選〔設計檢視〕。

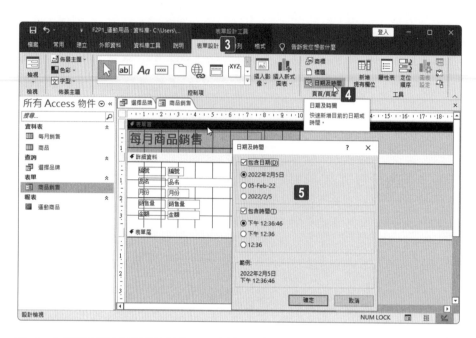

STEP03 進入表單設計檢視畫面後，點按〔表單設計工具〕底下的〔表單設計〕索引標籤。

STEP04 點按〔頁首/頁尾〕群組裡的〔日期及時間〕命令按鈕。

STEP05 開啟〔日期及時間〕對話方塊。

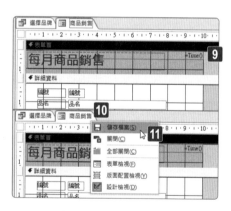

STEP06 取消〔包含日期〕核取方塊的勾選。

STEP07 點選〔包含時間〕底下的第三個選項〔hh:mm〕時間格式。

STEP08 點按〔確定〕按鈕。

STEP09 〔表單首〕區段右上角立即顯示時間控制項

STEP10 以滑鼠右鍵點按〔商品銷售〕表單設計檢視的頁籤。

STEP11 從展開的快顯功能表中點選〔儲存檔案〕功能選項。

① ── ② ── ③ ── ④ ── ⑤

在〔運動商品〕報表中,將圖像藝廊裡的「運動鞋」圖像設定為背景影像。
儲存報表。

評量領域:在版面配置檢視中修改報表
評量目標:格式化報表
評量技能:格式化報表元素

解題步驟

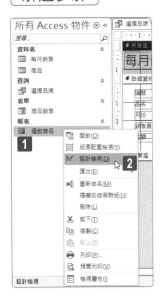

STEP01
以滑鼠右鍵點按〔運動商品〕報表。

STEP02
從展開的快顯功能表中點選〔設計檢視〕。

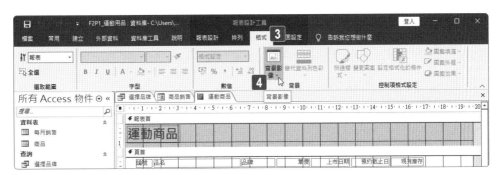

STEP03 點按功能區〔報表設計工具〕底下的〔格式〕索引標籤。

STEP04 點按〔背景〕群組裡的〔背景影像〕命令按鈕。

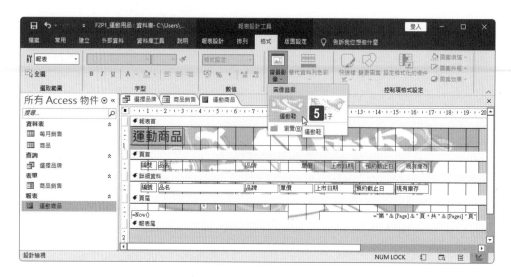

STEP**05** 從下拉選單中點選〔運動鞋〕影像。

如果圖像藝廊裡面沒有圖片檔案,可以點按〔背景影像〕下拉選單中的〔瀏覽〕功能選項。

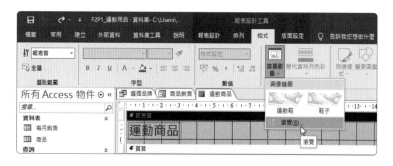

在開啟的〔插入圖片〕對話方塊裡切換至〔ExamMO-500〕資料夾,可從中選取〔運動鞋 .png〕影像檔案。

專案 **2**　　　星酒客威士忌

您正在檢閱星酒客威士忌 (Whisky) 公司的商品資料庫,並管理與編輯相關的資料表、查詢、表單與報表。

1 ── **2** ── **3** ── **4**

在〔商品〕資料表中,將「商品 ID」欄位設為主索引鍵。儲存並關閉資料表。

評量領域:管理資料庫
評量目標:管理資料表關聯性與索引鍵
評量技能:設定主索引鍵

解題步驟

STEP**01**　以滑鼠右鍵點按〔商品〕資料表。

STEP**02**　從展開的快顯功能表中點選〔設計檢視〕。

STEP03 開啟〔商品〕資料表的設計檢視畫面，點選「商品 ID」欄位。

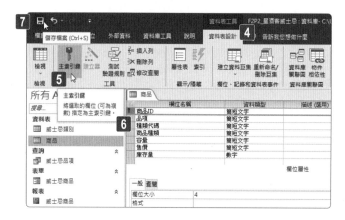

STEP04 點按功能區裡〔資料表工具〕底下〔資料表設計〕索引標籤。

STEP05 點按〔工具〕群組裡的〔主索引鍵〕命令按鈕。

STEP06 完成「商品 ID」欄位的主索引鍵設定後，此欄位名稱的左側會顯示一個金黃色鑰匙的圖示。

STEP07 點按畫面左上角的〔儲存檔案〕工具按鈕。

STEP08 以滑鼠右鍵點按〔商品〕資料表設計檢視畫面的頁籤。

STEP09 從展開的快顯功能表中點選〔關閉〕功能選項。

執行〔威士忌品項〕查詢，然後取消隱藏「售價」欄位。儲存查詢。

評量領域：建立與修改查詢

評量目標：修改查詢

評量技能：新增、隱藏與移除查詢中的欄位

解題步驟

STEP**01** 點按兩下〔威士忌品項〕查詢。

STEP**02** 顯示執行此查詢後的結果。

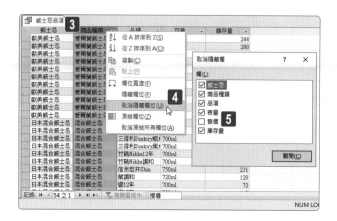

STEP03　以滑鼠右鍵點按查詢結果的任何一個欄位名稱。

STEP04　從展開的快顯功能表中點選〔取消隱藏欄位〕功能選項。

STEP05　開啟〔取消隱藏欄〕對話方塊，可看到此查詢的「售價」欄位是隱藏的 (核取方塊並未被勾選)。

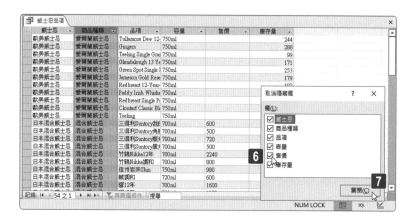

STEP06　勾選「售價」欄位核取方塊。

STEP07　點按〔關閉〕按鈕，結束並關閉〔取消隱藏欄〕對話方塊的操作。

STEP08　以滑鼠右鍵點按〔威士忌品項〕查詢設計檢視畫面的頁籤。

STEP09　從展開的快顯功能表中點選〔儲存檔案〕功能選項。

1 ── **2** ── 3 ── **4**

在〔威士忌商品〕表單中，將〔詳細資料〕區段中所有控制項的控制邊界設為「窄」。儲存表單。

評量領域：在版面配置檢視中修改表單
評量目標：格式化表單
評量技能：修改表單定位

解題步驟

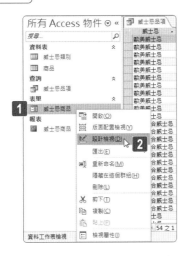
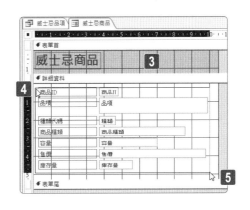

STEP01 以滑鼠右鍵點按〔威士忌商品〕表單。

STEP02 從展開的快顯功能表中點選〔設計檢視〕。

STEP03 進入〔威士忌商品〕表單的表單設計檢視畫面。

STEP04 滑鼠游標移至〔詳細資料〕區段裡的左側空白處，以滑鼠拖曳繪製一個矩形的方式，往右下方拖曳一個矩形。

STEP05 此矩形的面積大小可以囊括〔詳細資料〕區段裡的每一個控制項 (注意：矩形的大小只要能夠接觸到控制項即可，不見得一定要完整地將控制項都包含在所拖曳的矩形大小裡)。

STEP**06** 完成選取後的控制項會是金黃色的邊框，代表已經順利選取這些控制項了。

STEP**07** 點按功能區上方〔表單設計工具〕底下的〔排列〕索引標籤。

STEP**08** 點按〔位置〕群組裡的〔控制邊界〕命令按鈕。

STEP**09** 從展開的下拉功能選單中點選〔窄〕功能選項。

STEP**10** 以滑鼠右鍵點按〔威士忌商品〕表單設計檢視的頁籤。

STEP**11** 從展開的快顯功能表中點選〔儲存檔案〕功能選項。

在〔威士忌商品〕報表中，移除〔詳細資料〕區段的變更背景色彩。儲存報表。

評量領域：在版面配置檢視中修改報表
評量目標：格式化報表
評量技能：格式化報表元素

小提醒

此題目所論及的「變更背景色彩」並不是要我們「變更」報表的「背景色彩」，因為「變更背景色彩」本身是一個名詞，英文原名為 Alternate Back Color，是屬於表單〔詳細區段〕裡的屬性，用來設定資料列的偶數列背景色彩，您可以參考模擬試題 I 專案 5 音樂與藝術任務 7 的題解說明。

解題步驟

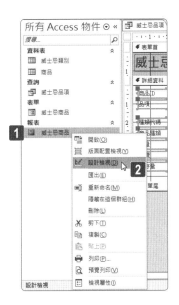

STEP **01** 以滑鼠右鍵點按〔威士忌商品〕報表。

STEP **02** 從展開的快顯功能表中點選〔設計檢視〕功能選項。

STEP03 進入〔威士忌商品〕報表的報表設計檢視畫面。點按〔報表設計工具〕底下的〔報表設計〕索引標籤。

STEP04 點按〔工具〕群組裡的〔屬性表〕命令按鈕，可以在畫面右側開啟或關閉〔屬性表〕工作窗格。針對此題目的作答需求，請開啟〔屬性表〕工作窗格。

STEP05 點選報表設計檢視畫面裡的〔詳細資料〕區段。

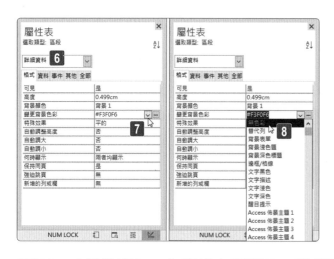

STEP06 〔屬性表〕工作窗格立即顯示〔詳細資料〕區段裡的各項屬性選項。

STEP07 點選〔屬性表〕工作窗格裡〔變更背景色彩〕屬性旁的下拉選項按鈕。

STEP08 從展開的選單中點選〔無色彩〕選項。

STEP09 以滑鼠右鍵點按〔威士忌商品〕報表設計檢視的頁籤。

STEP10 從展開的快顯功能表中點選〔儲存檔案〕功能選項。

專案 **3** 自行車用品社

您服務於自行車用品社,正在管理追蹤 Access 資料庫裡的客戶資料、信用卡資料、商品資料和銷售資料。

請取消隱藏〔類別〕資料表。

評量領域:管理資料庫

評量目標:修改資料庫結構

評量技能:在導覽窗格中隱藏與顯示物件

解題步驟

STEP**01** 以滑鼠右鍵點按導覽窗格頂端的標題列。

STEP**02** 從展開的快顯功能表中點選〔導覽選項〕。

STEP**03** 開啟〔導覽選項〕對話方塊,檢查〔顯示選項〕底下的〔顯示隱藏物件〕核取方塊目前是否已經勾選。

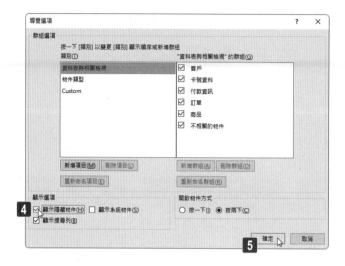

STEP**04** 確定勾選〔顯示隱藏物件〕核取方塊。

STEP**05** 點按〔確定〕按鈕。

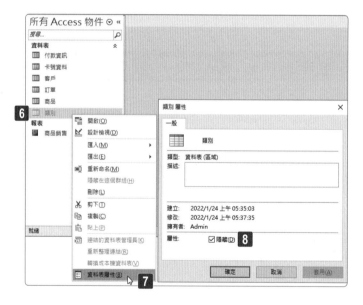

STEP**06** 以滑鼠右鍵點按原本被設定為隱藏物件的〔類別〕資料表。

STEP**07** 從展開的快顯功能中點選〔資料表屬性〕功能選項。

STEP**08** 開啟〔類別 屬性〕對話方塊，下方的屬性設定其〔隱藏〕核取方塊目前是勾選狀態。

STEP **09** 請取消〔隱藏〕核取方塊的勾選。

STEP **10** 點按〔確定〕按鈕。

STEP **11** 原本淡灰色字型的〔類別〕資料表,已經變成正常的字型顏色。

1	2	3	4	5	6	7

在〔客戶〕資料表的「編號」欄位和〔卡號資料〕資料表的「隸屬客戶」欄位之間,建立一對多關聯。確保此關聯可以支援的連結是傳回所有來自〔客戶〕資料表的記錄,即使〔卡號資料〕資料表裡並未包含相關的記錄。請接受所有其他預設的設定。

評量領域:管理資料庫

評量目標:管理資料表關聯性與索引鍵

評量技能:了解關聯性

解題步驟

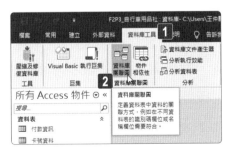

STEP **01** 點按功能區裡的〔資料庫工具〕索引標籤。

STEP **02** 點按〔資料庫關聯圖〕群組裡的〔資料庫關聯圖〕命令按鈕。

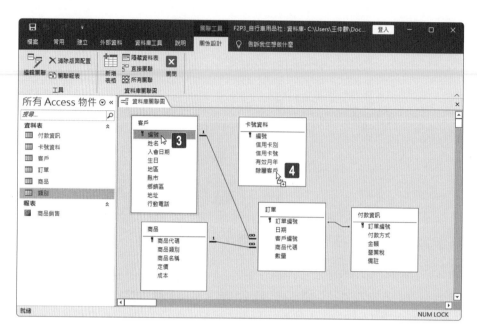

STEP**03** 開啟資料庫關聯圖檢視畫面，點選並拖曳〔客戶〕資料表裡的「編號」
欄位，往〔卡號資料〕資料表的方向拖曳。

STEP**04** 將〔客戶〕資料表裡的「編號」欄位拖曳疊放在〔卡號資料〕資料表
裡的「隸屬客戶」欄位上。

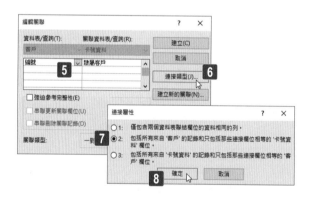

STEP**05** 開啟〔編輯關聯〕對話方塊，確認目前的關聯設定是〔客戶〕資料表
中的「編號」欄位，對應著〔卡號資料〕資料表的「隸屬客戶」欄位。

STEP**06** 點按〔連接類型〕按鈕。

STEP**07** 開啟〔連接屬性〕對話方塊，點選〔2：包括所有來自 ' 客戶 ' 的記錄
和只包括那些連接欄位相等的 ' 卡號資料 ' 欄位。〕選項。

STEP**08** 點按〔確定〕按鈕，結束並關閉〔連接屬性〕對話方塊的操作。

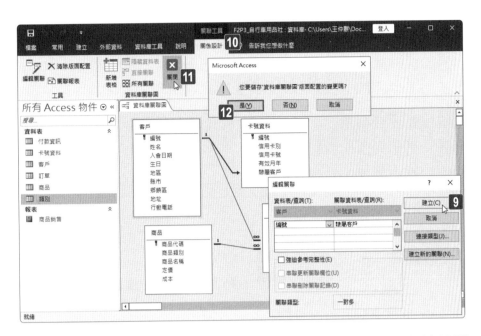

STEP**09** 回到〔編輯關聯〕對話方塊，點按〔建立〕按鈕，結束並關閉〔編輯關聯〕對話方塊的操作。

STEP**10** 點按功能區〔關聯工具〕底下的〔關係設計〕索引標籤。

STEP**11** 點按〔資料庫關聯圖〕群組裡的〔關閉〕命令按鈕。

STEP**12** 若顯示是否儲存資料庫關聯圖版面配置的變更對話，點按〔是〕按鈕。

將〔訂單〕資料表的資料儲存至〔ExamMO-500〕資料夾中並命名為「交易訂單」的 Excel 2019 活頁簿。保留格式設定和版面配置。

評量領域：管理資料庫

評量目標：列印與匯出資料

評量技能：將物件匯出為替代格式

〔解題步驟〕

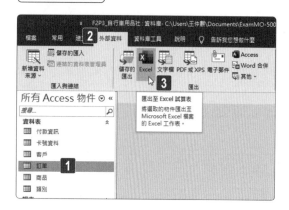

STEP01

點選〔訂單〕資料表。

STEP02

點按〔外部資料〕索引標籤。

STEP03

點按〔匯出〕群組裡的〔Excel〕命令按鈕。

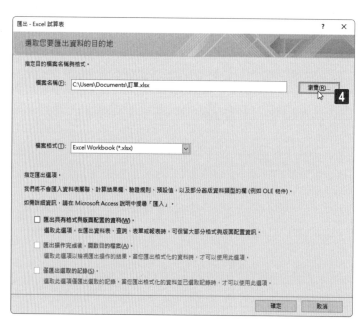

STEP04 開啟〔匯出 -Excel 試算表〕對話操作，點按〔瀏覽〕按鈕。

STEP**05** 開啟〔儲存檔案〕對話方塊，切換至〔ExamMO-500〕資料夾路徑。

STEP**06** 輸入檔案名稱為「交易訂單」(副檔名為 .xlsx)。

STEP**07** 點按〔儲存〕按鈕。

STEP**08** 回到〔匯出 -Excel 試算表〕對話操作，勾選〔匯出具有格式與版面配置的資料〕核取方塊。

STEP**09** 點按〔確定〕按鈕。

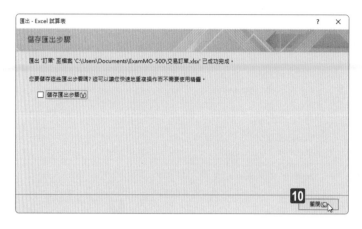

STEP**10**　點按〔關閉〕按鈕，完成並關閉〔匯出 -Excel 試算表〕的對話操作。

對〔訂單〕資料表添增描述「交易資料」。

評量領域：建立與修改資料表
評量目標：管理資料表
評量技能：新增資料表描述

解題步驟

STEP**01**　以滑鼠右鍵點按〔訂單〕資料表。

STEP**02**　從展開的快顯功能表中點選〔資料表屬性〕功能選項。

STEP**03**　開啟〔訂單 屬性〕對話方塊，點選〔描述〕文字方塊。

STEP**04** 輸入「交易資料」。

STEP**05** 點按〔確定〕按鈕,完成並關閉〔訂單 屬性〕對話方塊的操作。

在〔付款資訊〕資料表中,將「營業稅」欄位的預設值設為 5%。儲存並關閉資料表。

評量領域:建立與修改資料表

評量目標:建立與修改欄位

評量技能:設定預設值

解題步驟

STEP**01** 以滑鼠右鍵點按〔付款資訊〕資料表。

STEP**02** 從展開的快顯功能表中點選〔設計檢視〕功能選項。

STEP**03**　開啟〔付款資訊〕資料表的設計檢視畫面。

STEP**04**　點選「營業稅」欄位。

STEP**05**　目前該欄位的預設值是「0」。

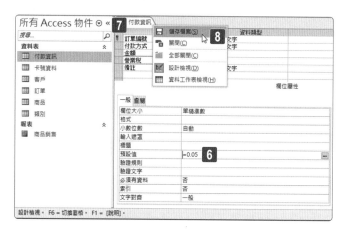

STEP**06**　將該欄位的預設值變更為「=0.05」。

STEP**07**　以滑鼠右鍵點按〔付款資訊〕資料表設計檢視的頁籤。

STEP**08**　從展開的快顯功能表中點選〔儲存檔案〕功能選項。

STEP**09**

再次以滑鼠右鍵點按〔付款資訊〕資料表設計檢視的頁籤。

STEP**10**

從展開的快顯功能表中點選〔關閉〕功能選項。

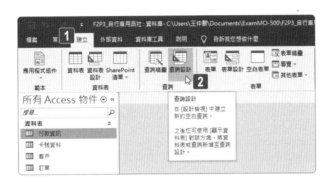

建立名為〔商品銷售〕的查詢,使其顯示〔訂單〕資料表的「訂單編號」欄位、「日期」欄位;〔商品〕資料表的「商品類別」欄位、「商品名稱」欄位、「定價」欄位;以及〔付款資訊〕資料表的「付款方式」欄位。儲存查詢。您可以執行查詢以確認結果。

評量領域:建立與修改查詢

評量目標:建立與執行查詢

評量技能:建立基本的多重資料表查詢

解題步驟

STEP**01** 點按 Access 功能區裡的〔建立〕索引標籤。

STEP**02** 點按〔查詢〕群組裡的〔查詢設計〕命令按鈕。

STEP**03**

開啟〔顯示資料表〕對話方塊。

STEP**04**

點選〔付款資訊〕資料表。

STEP**05**

按住 Ctrl 按鍵後,再分別點選 (複選)〔訂單〕資料表和〔商品〕資料表。

STEP**06**

點按〔新增〕按鈕。

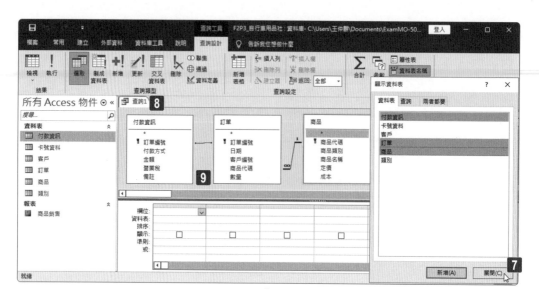

點按〔關閉〕按鈕，結束並關閉〔顯示資料表〕對話方塊的操作。

STEP08 所建立的查詢其預設名稱為〔查詢 1〕。

STEP09 查詢設計檢視畫面的上半部已經顯示著所選取的三張資料表的欄名清單。

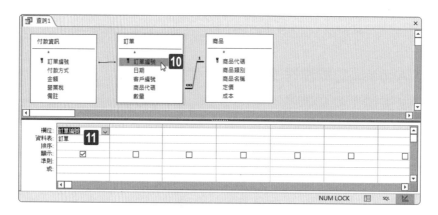

STEP10 點按兩下〔訂單〕資料表欄名清單裡的「訂單編號」欄位。

STEP11 〔訂單〕資料表的「訂單編號」欄位成為第 1 個查詢輸出欄位。

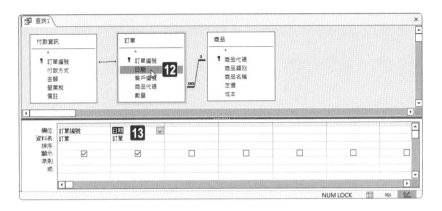

STEP**12** 點按兩下〔訂單〕資料表欄名清單裡的「日期」欄位。

STEP**13** 〔訂單〕資料表的「日期」欄位成為第 2 個查詢輸出欄位。

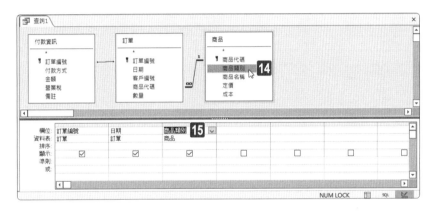

STEP**14** 點按兩下〔商品〕資料表欄名清單裡的「商品類別」欄位。

STEP**15** 〔商品〕資料表的「商品類別」欄位成為第 3 個查詢輸出欄位。

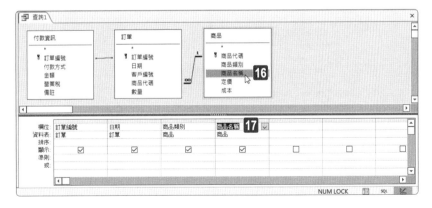

STEP**16** 點按兩下〔商品〕資料表欄名清單裡的「商品名稱」欄位。

STEP**17** 〔商品〕資料表的「商品名稱」欄位成為第 4 個查詢輸出欄位。

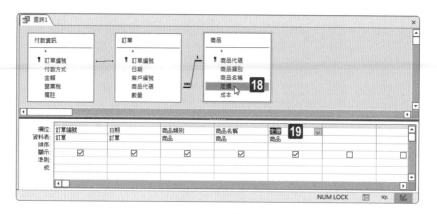

STEP**18**　點按兩下〔商品〕資料表欄名清單裡的「定價」欄位。

STEP**19**　〔商品〕資料表的「定價」欄位成為第 5 個查詢輸出欄位。

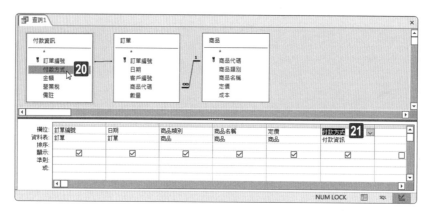

STEP**20**　點按兩下〔付款資訊〕資料表欄名清單裡的「付款方式」欄位。

STEP**21**　〔付款資訊〕資料表的「付款方式」欄位成為第 6 個查詢輸出欄位。

STEP**22**　以滑鼠右鍵點按〔查詢 1〕查詢設計檢視的頁籤。

STEP**23**　從展開的快顯功能表中點選〔儲存檔案〕功能選項。

STEP**24**　開啟〔另存新檔〕對話方塊，刪除預設的查詢名稱。

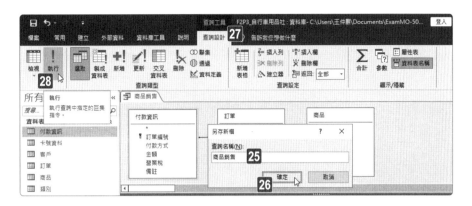

STEP**25** 輸入查詢名稱為「商品銷售」。

STEP**26** 點按〔確定〕按鈕,結束〔另存新檔〕對話方塊的操作。

STEP**27** 點按功能區裡〔查詢工具〕底下的〔查詢設計〕索引標籤。

STEP**28** 點按〔結果〕群組裡的〔執行〕命令按鈕。

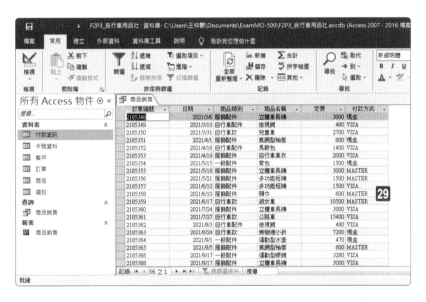

STEP**29** 顯示查詢結果,此〔商品銷售〕查詢的查詢結果總共有 36 筆資料記錄。

對〔商品銷售〕報表進行下列變更：首先變更〔詳細資料〕區段中的變更背景色彩，使用標準色彩調色盤的〔褐色2〕(紅色：「252」，綠色：「230」，藍色：「212」)。然後，將〔頁首〕區段裡欄位標籤的字型格式設定為11點〔粗體〕〔斜體〕。儲存報表。

評量領域：在版面配置檢視中修改報表

評量目標：格式化報表

評量技能：格式化報表元素

小提醒

此題目所論及的「變更背景色彩」並不是要我們「變更」報表的「背景色彩」，因為「變更背景色彩」本身是一個名詞，英文原名為 Alternate Back Color，是屬於表單〔詳細區段〕裡的屬性，用來設定資料列的偶數列背景色彩，您可以參考模擬試題 I 專案 5 音樂與藝術任務 7 的題解說明。

解題步驟

STEP**01** 以滑鼠右鍵點按〔商品銷售〕報表。

STEP**02** 從展開的快顯功能表中點選〔設計檢視〕功能選項。

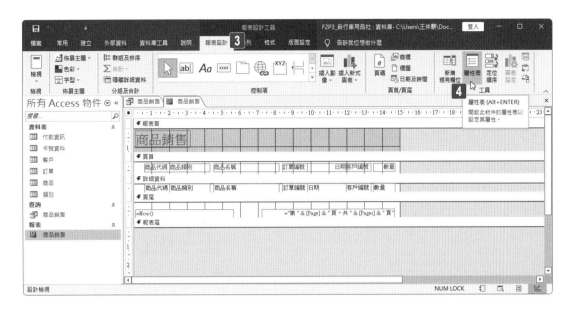

STEP 03 進入〔商品銷售〕報表的報表設計檢視畫面。點按〔報表設計工具〕底下的〔報表設計〕索引標籤。

STEP 04 點按〔工具〕群組裡的〔屬性表〕命令按鈕,可以在畫面右側開啟或關閉〔屬性表〕工作窗格。針對此題目的作答,請開啟〔屬性表〕工作窗格。

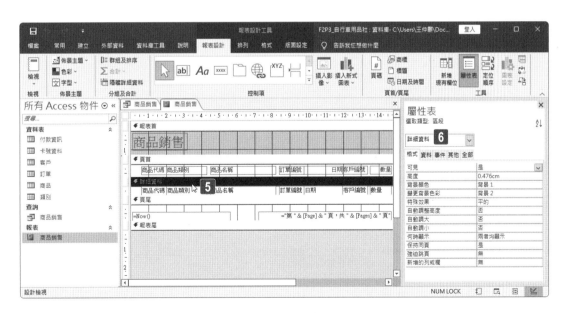

STEP 05 點選報表設計檢視畫面裡的〔詳細資料〕區段。

STEP 06 〔屬性表〕工作窗格立即顯示〔詳細資料〕區段裡的各項屬性選項。

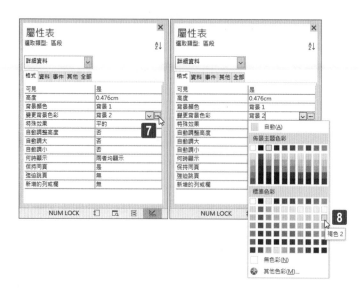

STEP **07**　點選〔屬性表〕工作窗格裡〔變更背景色彩〕屬性旁的〔…〕按鈕。

STEP **08**　從展開的色盤中點選〔標準色彩〕裡的〔褐色 2〕選項。

保險起見，您也可以再次點按自訂色彩的對話，以確保所選取的顏色完全符合題目所敘述的要求 (紅色：「252」，綠色：「230」，藍色：「212」)。

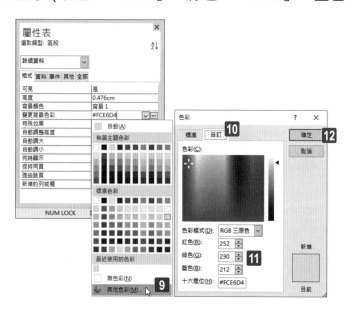

STEP **09**　再次點按〔變更背景色彩〕屬性旁的〔…〕按鈕後，從展開的色盤中點選〔其他色彩〕功能選項。

STEP **10**　開啟〔色彩〕對話方塊並點按〔自訂〕頁籤。

STEP**11** 在此確認 RGB 三原色的設定正是題目裡所描述的紅色：「252」，綠色：「230」，藍色：「212」。

STEP**12** 點按〔確定〕按鈕，結束並關閉〔色彩〕對話方塊的操作。

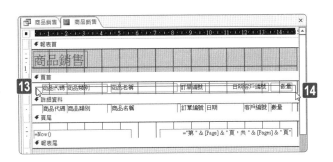

STEP**13** 滑鼠游標移至〔頁首〕區段裡的左側空白處，以滑鼠拖曳繪製一個矩形的方式，往右拖曳一個矩形。

STEP**14** 此矩形的面積大小可以囊括〔頁首〕區段裡的每一個控制項 (注意：矩形的大小只要能夠接觸到控制項即可，不見得一定要完整地將控制項都包含在所拖曳的矩形大小裡)。

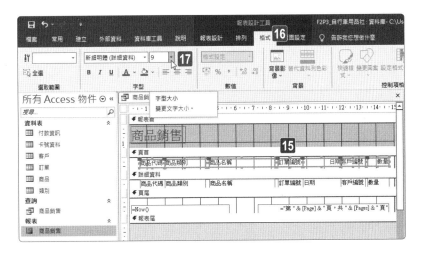

STEP**15** 完成選取後的控制項會是金黃色的邊框，代表已經順利選取這些控制項了。

STEP**16** 點按功能區上方〔報表設計工具〕底下的〔格式〕索引標籤。

STEP**17** 點按〔字型〕群組裡的〔字型大小〕命令按鈕。

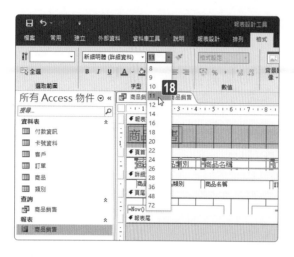
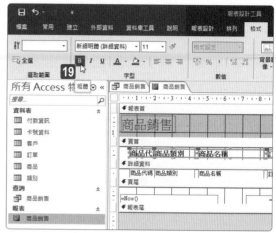

STEP 18 從展開的下拉功能選單中點選〔11〕功能選項。

STEP 19 點按〔字型〕群組裡的〔B〕命令按鈕。

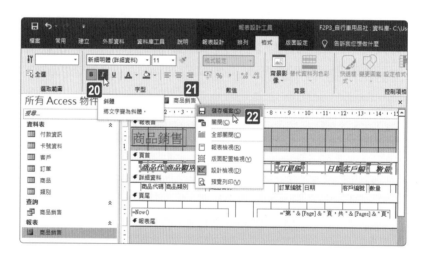

STEP 20 點按〔字型〕群組裡的〔I〕命令按鈕。

STEP 21 以滑鼠右鍵點按〔商品銷售〕報表設計檢視的頁籤。

STEP 22 從展開的快顯功能表中點選〔儲存檔案〕功能選項。

專案 **4** 甜心糖果禮盒

您正在協助甜心糖果禮盒公司使用 Access 資料庫管理產品包裝與庫存的相關資料和表單規劃。

1 ── 2 ── 3 ── 4 ── 5

在〔糖果資料〕資料表和〔禮盒包裝明細〕資料表之間對現有一對多關聯性執行強迫參考完整性。接受所有其他預設設定。

評量領域：管理資料庫
評量目標：管理資料表關聯性與索引鍵
評量技能：啟用參考完整性

解題步驟

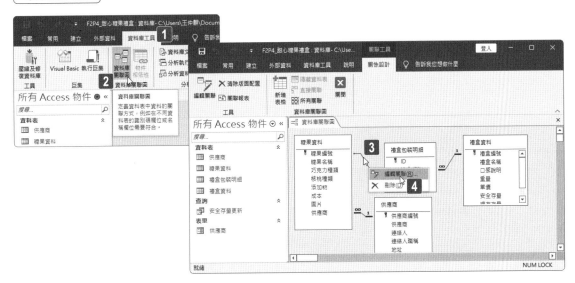

STEP**01** 開啟資料庫後，點按功能區裡的〔資料庫工具〕索引標籤。

STEP**02** 點按〔資料庫關聯圖〕群組裡的〔資料庫關聯圖〕命令按鈕。

STEP**03** 開啟資料庫關聯圖檢視畫面，以滑鼠右鍵點按一下〔糖果資料〕資料表與〔禮盒包裝明細〕資料表之間既有的關聯線條。

STEP**04** 從展開的快顯功能表中點選〔編輯關聯〕功能選項。

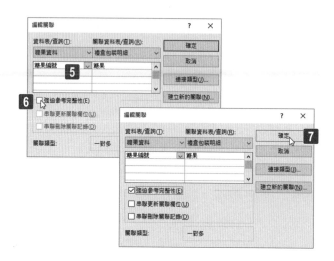

STEP**05** 開啟〔編輯關聯〕對話方塊，確認目前的關聯設定是〔糖果資料〕資料表中的「糖果編號」欄位，對應著〔禮盒包裝明細〕資料表的「糖果」欄位。

STEP**06** 勾選〔強迫參考完整性〕核取方塊。

STEP**07** 點按〔確定〕按鈕，結束並關閉〔編輯關聯〕對話方塊的操作。

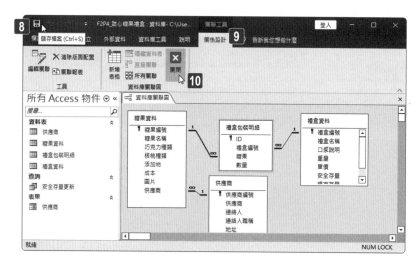

STEP**08** 點按視窗左上角的〔儲存檔案〕按鈕。

STEP**09** 點按功能區〔關聯工具〕底下的〔關係設計〕索引標籤。

STEP**10** 點按〔資料庫關聯圖〕群組裡的〔關閉〕命令按鈕。

1 —— 2 —— 3 —— 4 —— 5

篩選〔禮盒包裝明細〕資料表，使其僅顯示含有「糖衣情人糖」的產品包裝。篩選時使用的篩選選項必須對既有的記錄以及之後加入資料表的新記錄都有所作用。儲存並關閉資料表。

評量領域：建立與修改資料表
評量目標：管理資料表記錄
評量技能：篩選記錄

解題步驟

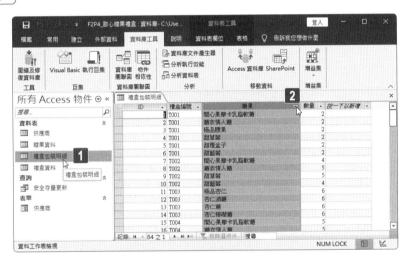

STEP01 點按兩下〔禮盒包裝明細〕資料表。

STEP02 開啟此資料表的資料工作表檢視畫面，點按「糖果」欄位名稱旁的篩選按鈕。

STEP03 從展開的功能選單中點選〔文字篩選〕選項。

STEP04 再從展開的副選單中點選〔包含〕選項。

STEP05 開啟〔自訂篩選〕對話方塊。

STEP06 在〔糖果 包含〕文字方塊輸入「糖衣情人糖」。

STEP07 點按〔確定〕按鈕。

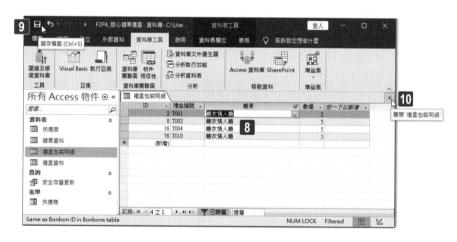

STEP08 顯示「糖果」欄位僅顯示含有「糖衣情人糖」的產品包裝資料記錄。

STEP09 點按視窗左上角的〔儲存檔案〕按鈕。

STEP10 點按〔禮盒包裝明細〕資料工作表檢視畫面右側的〔關閉 '禮盒包裝明細 '〕按鈕。

1 — **2** — **3** — **4** — **5**

在〔禮盒資料〕資料表中,修改「禮盒名稱」欄位,設定標題為「糖果禮盒」。儲存並關閉資料表。

評量領域:建立與修改資料表

評量目標:建立與修改欄位

評量技能:變更欄位標題

[解題步驟]

STEP**01** 以滑鼠右鍵點按〔禮盒資料〕資料表。

STEP**02** 從展開的快顯功能表中點選〔設計檢視〕。

STEP**03** 開啟〔禮盒資料〕資料表的設計檢視畫面,點選「禮盒名稱」欄位。

STEP**04** 點按欄位屬性裡的〔標題〕屬性。

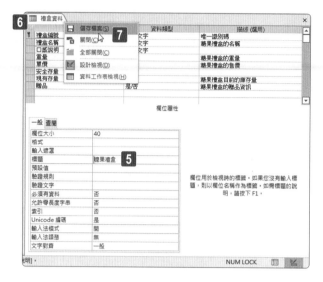

STEP**05** 輸入〔標題〕屬性的內容為「糖果禮盒」。

STEP**06** 以滑鼠右鍵點按〔禮盒資料〕資料表設計檢視的頁籤。

STEP**07** 從展開的快顯功能表中點選〔儲存檔案〕功能選項。

STEP**08** 再次以滑鼠右鍵點按〔禮盒資料〕資料表設計檢視的頁籤。

STEP**09** 從展開的快顯功能表中點選〔關閉〕功能選項。

如果資料表的欄位並未設定〔標題〕屬性，在顯示資料表時，欄位名稱就是原本建立資料表時所定義實質欄位名稱。若是有設定〔標題〕屬性，在顯示資料表時，欄位名稱就是〔標題〕屬性的內容。

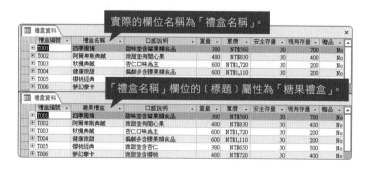

將〔安全存量更新〕查詢的查詢類型變更為〔更新〕查詢。修改此查詢，以便針對所有口感說明開頭為「微甜」的禮盒資料，將其「安全存量」設定為「500」。儲存並執行查詢。

評量領域：建立與修改查詢

評量目標：建立與執行查詢

評量技能：建立基本的動作查詢

解題步驟

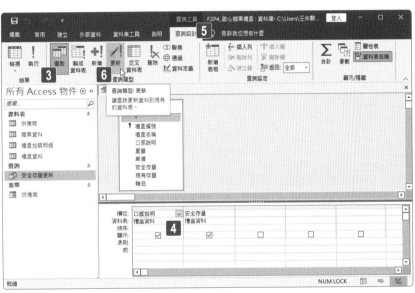

STEP**01** 以滑鼠右鍵點按〔安全存量更新〕查詢。

STEP**02** 從展開的快顯功能表中點選〔設計檢視〕。

STEP**03** 進入〔安全存量更新〕查詢的查詢設計檢視畫面，目前此查詢的類型是屬於〔選取〕查詢。

STEP**04** 此查詢目前有 2 個資料輸出欄位。

STEP**05** 點按功能區上方〔查詢工具〕底下的〔查詢設計〕索引標籤。

STEP**06** 點按〔查詢類型〕群組裡的〔更新〕命令按鈕。

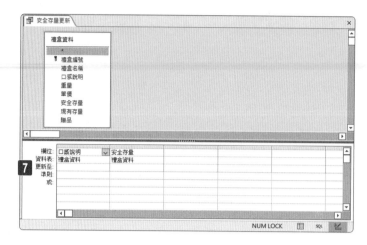

STEP**07** 在查詢設計檢視畫面下半部的 QBE(Query By Example) 區域裡,立
即顯示〔更新至〕的資料列。

STEP**08** 點選隸屬於〔禮盒資料〕資料表的「口
感說明」欄位下方的〔準則〕資料列,
並輸入「Like " 微甜 *"」。

STEP**09** 以滑鼠右鍵點按〔安全存量更新〕查詢
設計檢視的頁籤。

STEP**10** 從展開的快顯功能表中點選〔儲存檔
案〕功能選項。

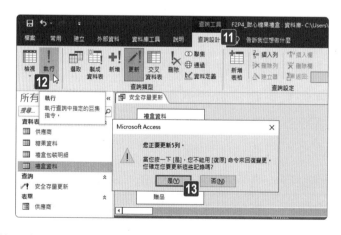

STEP**11** 點按功能區裡〔查詢工具〕底下的〔查詢設計〕索引標籤。

STEP**12** 點按〔結果〕群組裡的〔執行〕命令按鈕。

STEP**13** 執行此查詢後將更新多筆資料紀錄，顯示正要更新的確認對話方塊後，
點按〔是〕按鈕。

以下圖所示為例，上方截圖是尚未更新時的〔禮盒資料〕，其中每一筆資料
記錄的「安全存量」皆是「30」。下方截圖則是執行更新查詢後的〔禮盒資
料〕，其中只要口感說明開頭為「微甜」的禮盒資料，其「安全存量」皆調
整為「500」。

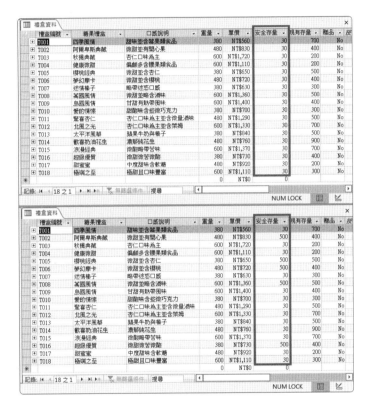

1 — **2** — **3** — **4** — 5

在〔供應商〕表單中，變更「城市」文字方塊控制項的寬度為「3cm」。
儲存表單。

評量領域：在版面配置檢視中修改表單

評量目標：設定表單控制項

評量技能：設定表單控制項屬性

解題步驟

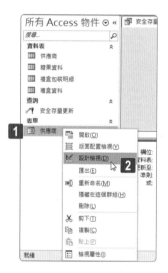

STEP01 以滑鼠右鍵點按〔供應商〕表單。

STEP02 從展開的快顯功能表中點選〔設計檢視〕。

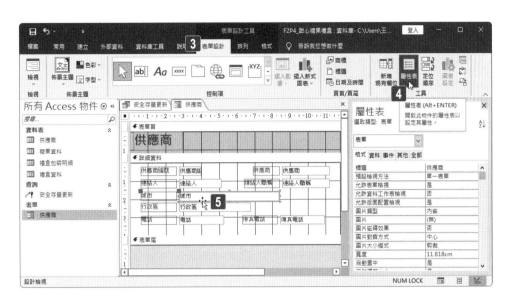

^{STEP}**03** 進入〔供應商〕表單的表單設計檢視畫面。點按〔表單設計工具〕底下的〔表單設計〕索引標籤。

^{STEP}**04** 點按〔工具〕群組裡的〔屬性表〕命令按鈕，可以在畫面右側開啟或關閉〔屬性表〕工作窗格。針對此題目的作答，請開啟〔屬性表〕工作窗格。

^{STEP}**05** 點選〔詳細區段〕裡的「城市」控制項。

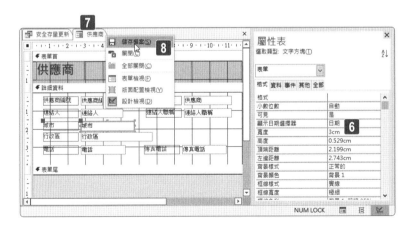

^{STEP}**06** 從畫面右側〔屬性表〕工作窗格裡的〔寬度〕屬性，輸入此控制項的寬度為「3cm」。

^{STEP}**07** 以滑鼠右鍵點按〔供應商〕表單設計檢視的頁籤。

^{STEP}**08** 從展開的快顯功能表中點選〔儲存檔案〕功能選項。

專案 **5**　　旅行社

您服務於知名的旅行社，正在使用 Access 資料庫系統更新旅行社旅遊團的名單與參與行程的基本資料。

1　**2**　**3**　**4**　**5**

將〔ExamMO-500〕資料夾裡以逗點為分隔符號的文字檔案〔港澳旅遊團名單 .csv〕其資料，附加至資料庫中的〔報名清單〕資料表。該文字檔案的第一列包含欄位名稱。

評量領域：建立與修改資料表

評量目標：建立資料表

評量技能：將資料匯入資料表

〔解題步驟〕

STEP**01**　點按功能區裡的〔外部資料〕索引標籤。

STEP**02**　點按〔匯入與連結〕群組裡的〔新增資料來源〕命令按鈕。

STEP**03**　從展開的下拉式功能選單中點選〔從檔案〕選項。

STEP**04**　再從展開的副選單中點選〔文字檔〕選項。

STEP**05** 開啟〔取得外部資料 - 文字檔〕對話操作,點按〔瀏覽〕按鈕。

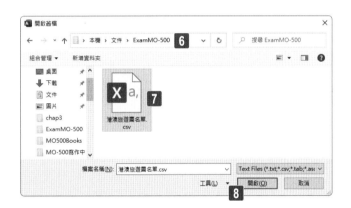

STEP**06** 開啟〔開啟舊檔〕對話方塊,選擇路徑為〔ExamMO-500〕資料夾。

STEP**07** 點選文字檔案〔港澳旅遊團名單 .csv〕。

STEP**08** 點按〔開啟〕按鈕。

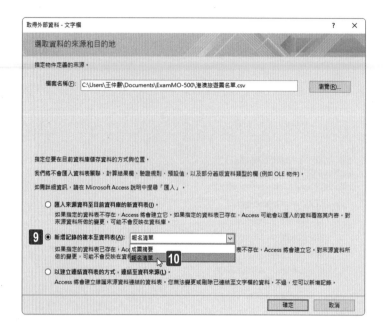

STEP**09** 回到〔取得外部資料 - 文字檔〕對話操作，點按〔新增記錄的複本至資料表〕選項。

STEP**10** 點按右側的下拉選單，從中點選〔報名清單〕資料表。

STEP**11** 點按〔確定〕按鈕。

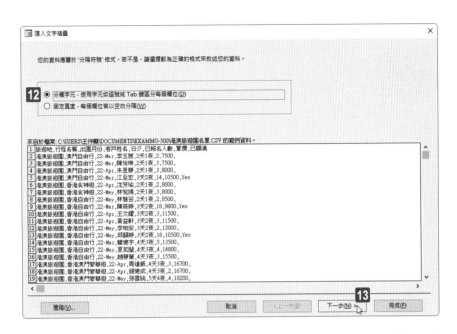

STEP**12**　開啟〔匯入文字精靈〕對話操作，點選〔分欄字元 – 使用字元如逗號或 Tab 鍵區分每個欄位〕選項。

STEP**13**　點按〔下一步〕按鈕。

STEP**14**　自動識別匯入的文字檔案是以「逗點」分隔。

STEP**15**　勾選〔第一列是欄位名稱〕核取方塊。

STEP**16**　點按〔下一步〕按鈕。

STEP17 點按〔完成〕按鈕。

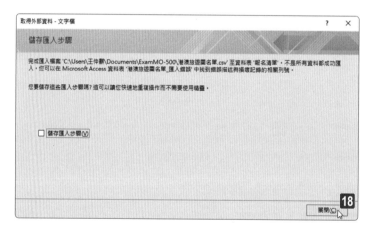

STEP18 回到〔取得外部資料 - 文字檔〕對話，點按〔關閉〕按鈕，完成並結束〔取得外部資料 - 文字檔〕的對話操作。

1 ── 2 ── 3 ── 4 ── 5

在〔報名清單〕資料表中,將「客戶姓名」欄位的欄位大小變更為「30」個字元。儲存資料表。

評量領域:建立與修改資料表

評量目標:建立與修改欄位

評量技能:變更欄位大小

解題步驟

STEP**01** 以滑鼠右鍵點按〔報名清單〕資料表。

STEP**02** 從展開的快顯功能表中點選〔設計檢視〕。

STEP**03** 開啟〔報名清單〕資料表的設計檢視畫面,點選「客戶姓名」欄位。

STEP**04** 此欄位屬性裡的〔欄位大小〕屬性為「10」。

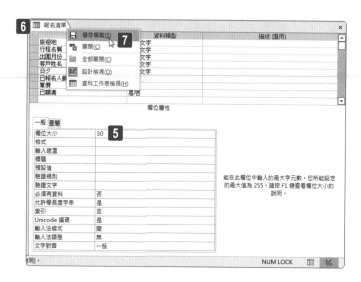

STEP**05** 輸入〔欄位大小〕屬性的內容為「30」。

STEP**06** 以滑鼠右鍵點按〔報名清單〕資料表設計檢視的頁籤。

STEP**07** 從展開的快顯功能表中點選〔儲存檔案〕功能選項。

1	2	3	4	5

更新〔報名清單〕資料表,使其在新增記錄時「已額滿」的核取方塊預設為空白 (未選取)。儲存並關閉資料表。

評量領域:建立與修改資料表

評量目標:建立與修改欄位

評量技能:設定預設值

解題步驟

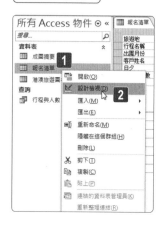

STEP**01**

以滑鼠右鍵點按〔報名清單〕資料表。

STEP**02**

從展開的快顯功能表中點選〔設計檢視〕功能選項。

STEP03　開啟〔報名清單〕資料表的設計檢視畫面。

STEP04　點選「已額滿」欄位。

STEP05　目前該欄位的預設值是「=Yes」。

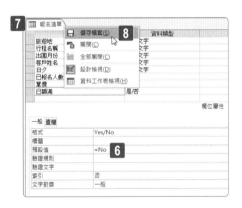

STEP06　將該欄位的預設值變更為「=No」。

STEP07　以滑鼠右鍵點按〔報名清單〕資料表設計檢視的頁籤。

STEP08　從展開的快顯功能表中點選〔儲存檔案〕功能選項。

STEP09　再次以滑鼠右鍵點按〔報名清單〕資料表設計檢視的頁籤。

STEP10　從展開的快顯功能表中點選〔關閉〕功能選項。

1 ──── 2 ──── 3 ──── 4 ──── 5

使用查詢精靈並根據〔成團摘要〕資料表建立交叉資料表查詢。選擇「日夕行程」欄位當成列標題，並且將「行程名稱」欄位當成欄標題。對於每個欄與列的交點計算，則是根據「團號」欄位〔計數〕旅行團的出團次數。接受預設的查詢名稱，完成精靈操作以檢視查詢結果。

評量領域：建立與修改查詢
評量目標：建立與執行查詢
評量技能：建立基本的交叉資料表查詢

〔解題步驟〕

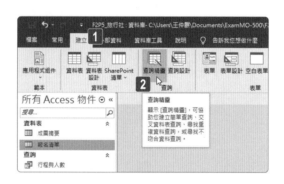

STEP**01** 點按〔建立〕索引標籤。

STEP**02** 點按〔查詢〕群組裡的〔查詢精靈〕命令按鈕。

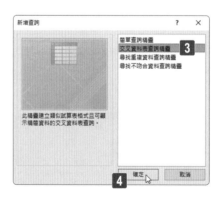

STEP**03** 開啟〔新增查詢〕對話方塊，點選〔交叉資料表查詢精靈〕選項。

STEP**04** 點按〔確定〕按鈕。

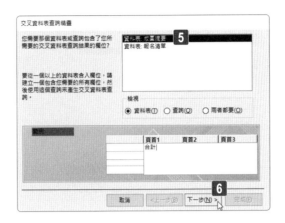

^{STEP}**05** 開啟〔交叉資料表查詢精靈〕對話,點選〔資料表:成團摘要〕選項。

^{STEP}**06** 點按〔下一步〕按鈕。

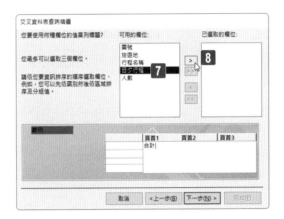

^{STEP}**07** 點選〔日夕行程〕欄位。

^{STEP}**08** 點按〔>〕按鈕。

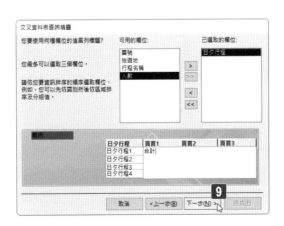

^{STEP}**09** 點按〔下一步〕按鈕。

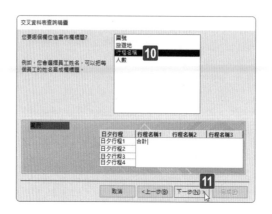

STEP**10** 點選〔行程名稱〕欄位。

STEP**11** 點按〔下一步〕按鈕。

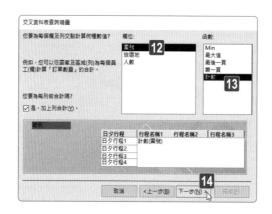

STEP**12** 點選〔團號〕欄位。

STEP**13** 點選〔計數〕函數。

STEP**14** 點按〔下一步〕按鈕。

STEP**15** 點按〔完成〕按鈕,完成並結束〔交叉資料表查詢精靈〕的對話操作。

完成〔成團摘要 _ 交叉資料表〕查詢的建立並執行該查詢。

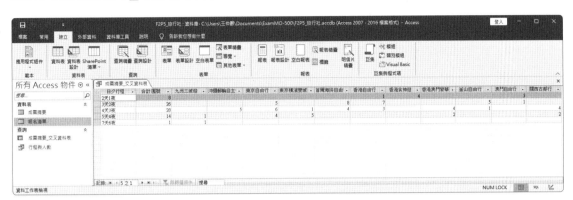

修改〔行程與人數〕查詢,以依照「行程名稱與人數」的遞減順序顯示記錄。儲存查詢。您可以執行查詢以確認結果。

評量領域:建立與修改查詢
評量目標:修改查詢
評量技能:排序查詢中的資料

解題步驟

STEP01 以滑鼠右鍵點按〔行程與人數〕查詢。

STEP02 從展開的快顯功能表中點選〔設計檢視〕。

STEP03 進入〔行程與人數〕查詢的查詢設計檢視畫面,在下半部的 QBE(Query By Example) 區域裡,點選〔行程名稱與人數〕欄位下方的〔排序〕選項。

STEP**04** 點按下拉式選項按鈕後從選單中點選〔遞減〕選項。

STEP**05** 點按功能區上方〔查詢工具〕底下的〔查詢設計〕索引標籤。

STEP**06** 點按〔結果〕群組裡的〔執行〕命令按鈕。

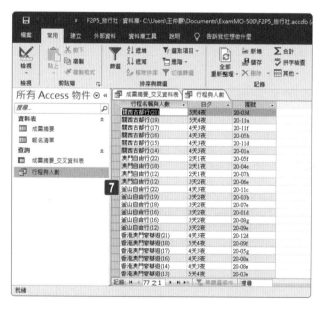

STEP**07** 依照「行程名稱與人數」欄位遞減排序的查詢結果。

專案 6　美味蛋糕坊

您服務於美味蛋糕坊，正在使用 Access 資料庫系統維護蛋糕店的銷售資料，以及建立與編輯重要的資料查詢，並處理外部來源的資料匯入。

1　2　3　4　5

為〔ExamMO-500〕資料夾中布丁商品活頁簿的資料匯入新的資料表。保留預設設定和資料表名稱。以預設名稱儲存匯入步驟以供爾後可重複使用。

評量領域：管理資料庫
評量目標：修改資料庫結構
評量技能：從其他來源匯入資料或物件

解題步驟

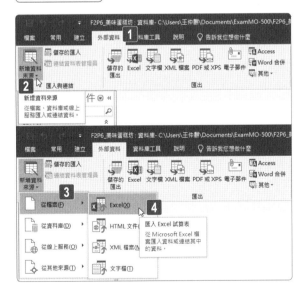

STEP01

點按功能區裡的〔外部資料〕索引標籤。

STEP02

點按〔匯入與連結〕群組裡的〔新增資料來源〕命令按鈕。

STEP03

從展開的下拉式功能選單中點選〔從檔案〕選項。

STEP04

再從展開的副選單中點選〔Excel〕選項。

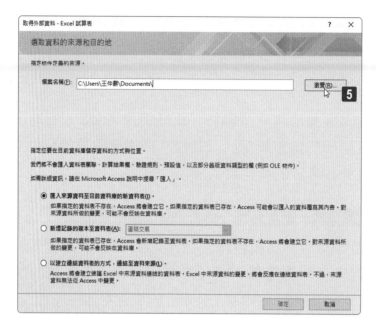

STEP**05** 開啟〔取得外部資料 -Excel 試算表〕對話操作，點按〔瀏覽〕按鈕。

STEP**06** 開啟〔開啟舊檔〕對話方塊，選擇路徑為〔ExamMO-500〕資料夾。

STEP**07** 點選〔布丁商品〕活頁簿檔案。

STEP**08** 點按〔開啟〕按鈕。

STEP**09** 回到〔取得外部資料 -Excel 試算表〕對話操作，點按〔匯入來源資料至目前資料庫的新資料表〕選項。

STEP**10** 點按〔確定〕按鈕。

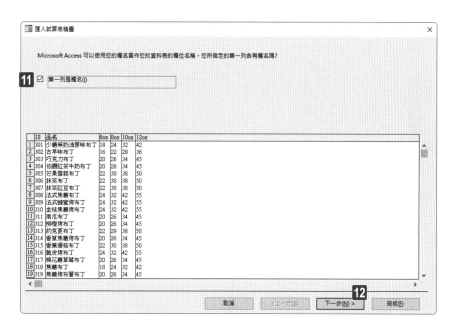

STEP**11** 開啟〔匯入試算表精靈〕對話操作，勾選〔第一列是欄名〕核取方塊。

STEP**12** 點按〔下一步〕按鈕。

STEP13 此步驟使用預設設定即可，點按〔下一步〕按鈕。

STEP14 此步驟使用預設設定即可，點按〔下一步〕按鈕。

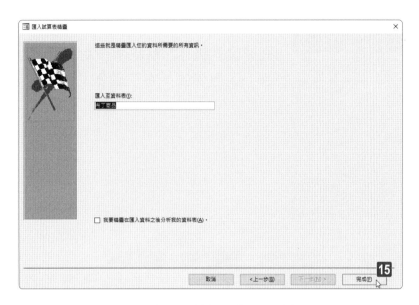

STEP**15** 保留預設資料表名稱,直接點按〔完成〕按鈕。

STEP**16** 回到〔取得外部資料 -Excel 試算表〕對話操作。

STEP**17** 勾選〔儲存匯入步驟〕核取方塊。

STEP**18** 點按〔儲存匯入〕按鈕,也結束〔取得外部資料 -Excel 試算表〕的對話操作。

STEP19

完成匯入操作，資料庫裡新增了內容為〔布丁商品〕活頁簿的〔布丁商品〕資料表。

1 ── 2 ── 3 ── 4 ── 5

依照「分店」欄位以遞增順序對〔職工〕資料表進行排序。儲存並關閉資料表。

評量領域：建立與修改資料表
評量目標：管理資料表記錄
評量技能：排序記錄

〔解題步驟〕

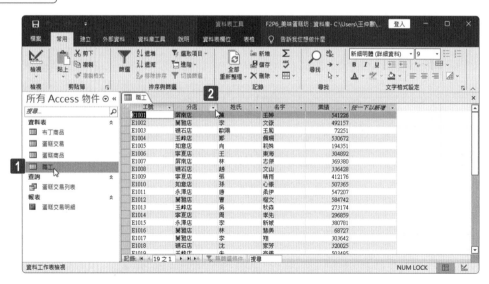

STEP01 點按兩下〔職工〕資料表。

STEP02 開啟〔職工〕資料表的資料工作表檢視畫面，點按「分店」欄位名稱旁的篩選按鈕。

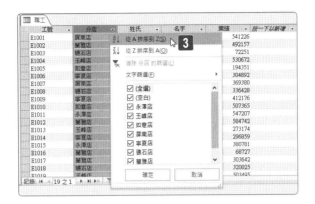

^{STEP}**03** 從展開的功能選單中點選〔從 A 排序到 Z〕選項。

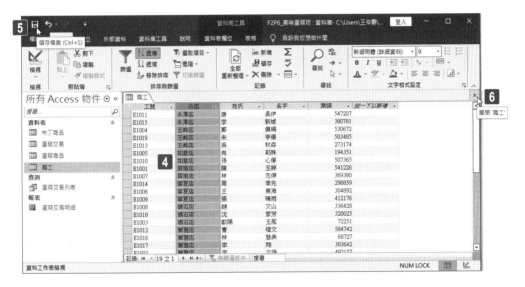

^{STEP}**04** 完成以「分店」欄位遞增的順序排序。

^{STEP}**05** 點按畫面左上角的〔儲存檔案〕工具按鈕。

^{STEP}**06** 點按〔職工〕資料工作表檢視畫面右側的〔關閉 ' 職工 '〕按鈕。

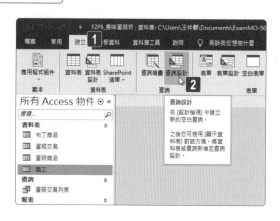

建立名為〔蛋糕銷售〕的查詢,其中顯示〔蛋糕商品〕資料表的「品名」、「尺寸」和「價格」欄位,以及〔蛋糕交易〕資料表的「數量」和「分店」欄位。您可以執行查詢以確認結果。

評量領域:建立與修改查詢

評量目標:建立與執行查詢

評量技能:建立基本的多重資料表查詢

解題步驟

STEP01 點按 Access 功能區裡的〔建立〕索引標籤。

STEP02 點按〔查詢〕群組裡的〔查詢設計〕命令按鈕。

STEP03 開啟〔顯示資料表〕對話方塊。

STEP04 點選〔蛋糕交易〕資料表。

STEP05 按住 Ctrl 按鍵後,再點選 (複選)〔蛋糕商品〕資料表。

STEP06 點按〔新增〕按鈕。

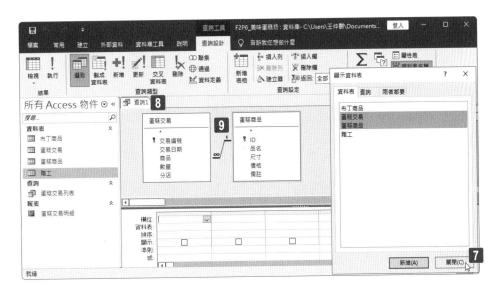

STEP**07** 點按〔關閉〕按鈕，結束並關閉〔顯示資料表〕對話方塊的操作。

STEP**08** 所建立的查詢其預設名稱為〔查詢 1〕。

STEP**09** 查詢設計檢視畫面的上半部已經顯示著所選取的兩張資料表的欄名清單。

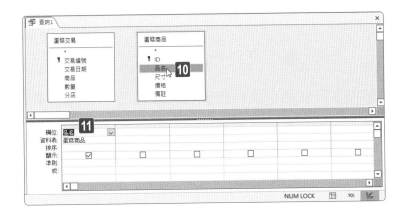

STEP**10** 點按兩下〔蛋糕商品〕資料表欄名清單裡的「品名」欄位。

STEP**11** 〔蛋糕商品〕資料表的「品名」欄位成為第 1 個查詢輸出欄位。

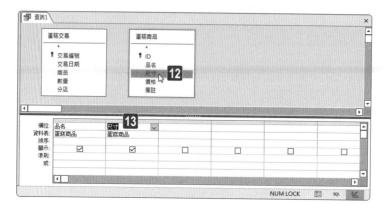

STEP**12** 點按兩下〔蛋糕商品〕資料表欄名清單裡的「尺寸」欄位。

STEP**13** 〔蛋糕商品〕資料表的「尺寸」欄位成為第 2 個查詢輸出欄位。

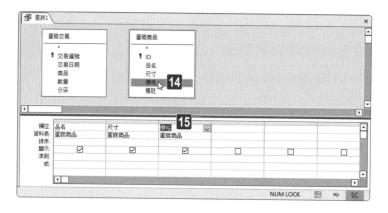

STEP**14** 點按兩下〔蛋糕商品〕資料表欄名清單裡的「價格」欄位。

STEP**15** 〔蛋糕商品〕資料表的「價格」欄位成為第 3 個查詢輸出欄位。

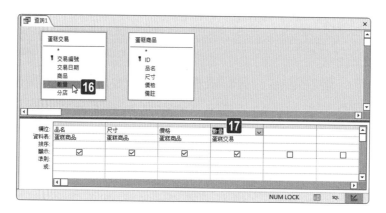

STEP**16** 點按兩下〔蛋糕交易〕資料表欄名清單裡的「數量」欄位。

STEP**17** 〔蛋糕交易〕資料表的「數量」欄位成為第 4 個查詢輸出欄位。

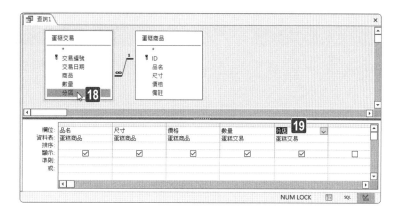

STEP**18** 點按兩下〔蛋糕交易〕資料表欄名清單裡的「分店」欄位。

STEP**19** 〔蛋糕交易〕資料表的「分店」欄位成為第 5 個查詢輸出欄位。

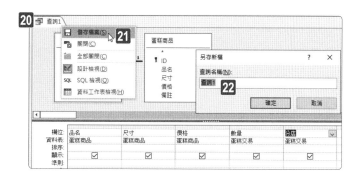

STEP**20** 以滑鼠右鍵點按〔查詢 1〕查詢設計檢視的頁籤。

STEP**21** 從展開的快顯功能表中點選〔儲存檔案〕功能選項。

STEP**22** 開啟〔另存新檔〕對話方塊,刪除預設的查詢名稱。

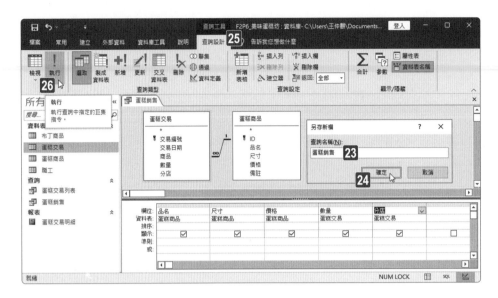

STEP23 輸入查詢名稱為「蛋糕銷售」。

STEP24 點按〔確定〕按鈕，結束〔另存新檔〕對話方塊的操作。

STEP25 點按功能區裡〔查詢工具〕底下的〔查詢設計〕索引標籤。

STEP26 點按〔結果〕群組裡的〔執行〕命令按鈕。

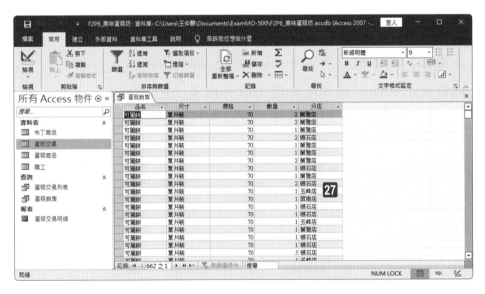

STEP27 顯示查詢結果，此〔蛋糕銷售〕查詢的查詢結果總共有 662 筆資料記錄。

1 ━━ **2** ━━ **3** ━━━ **4** ━━━ **5**

以兩個層級為〔蛋糕交易列表〕查詢進行排序：第一個層級依照「商品」
以遞增排序，第二個層級則是依照「數量」以遞減方式排序。儲存查詢。
您可以執行查詢以確認結果。

評量領域：建立與修改查詢

評量目標：修改查詢

評量技能：篩選查詢中的資料

〔解題步驟〕

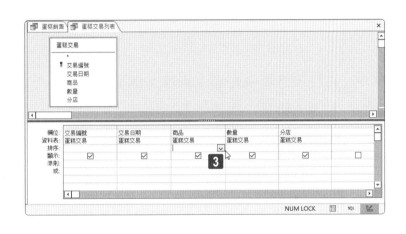

STEP**01** 以滑鼠右鍵點按〔蛋糕交易列表〕查詢。

STEP**02** 從展開的快顯功能表中點選〔設計檢視〕。

STEP**03** 進入〔蛋糕交易列表〕查詢的查詢設計檢視畫面，在下半部的
QBE(Query By Example) 區域裡，點選〔商品〕欄位下方〔排序〕
列的下拉式選項按鈕。

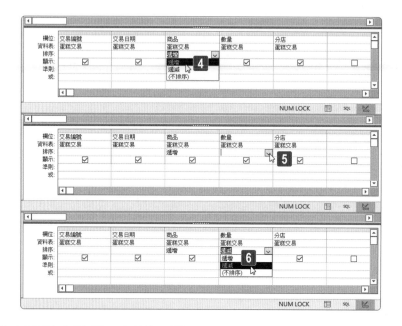

STEP**04** 從排序選單中點選〔遞增〕選項。

STEP**05** 點選〔數量〕欄位下方〔排序〕列的下拉式選項按鈕。

STEP**06** 從排序選單中點選〔遞減〕選項。

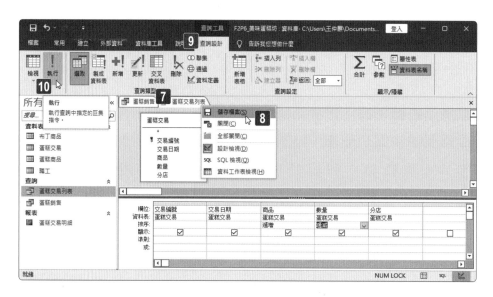

STEP**07** 以滑鼠右鍵點按〔蛋糕交易列表〕查詢設計檢視的頁籤。

STEP**08** 從展開的快顯功能表中點選〔儲存檔案〕功能選項。

STEP**09** 點按功能區上方〔查詢工具〕底下的〔查詢設計〕索引標籤。

STEP**10** 點按〔結果〕群組裡的〔執行〕命令按鈕。

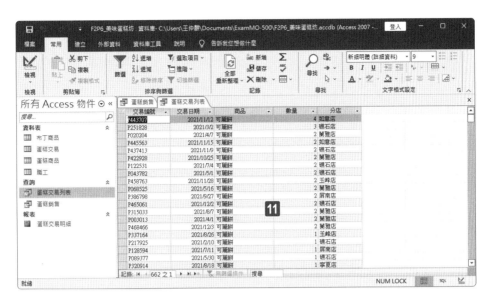

STEP **11** 先以「商品」名稱遞增排序後再以「數量」由大到小遞減方式排序的查詢結果。

①━━②━━③━━④━━⑤

在〔蛋糕交易明細〕報表中,將「訂單編號日期」標籤變更為「日期」,
並將「店的名稱」標籤變更為「分店」。儲存報表。

評量領域:在版面配置檢視中修改報表
評量目標:設定報表控制項
評量技能:新增與修改報表中的標籤

解題步驟

STEP01 以滑鼠右鍵點按〔蛋糕交易明細〕報表。

STEP02 從展開的快顯功能表中點選〔設計檢視〕。

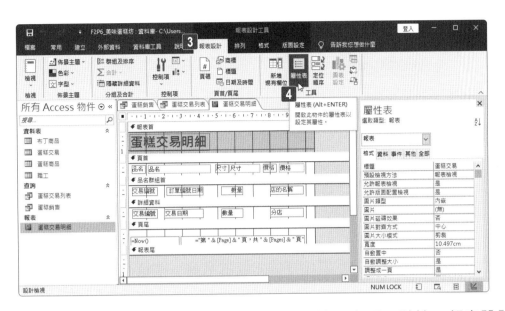

STEP**03** 進入〔蛋糕交易明細〕報表的報表設計檢視畫面，點按〔報表設計工具〕底下的〔報表設計〕索引標籤。

STEP**04** 點按〔工具〕群組裡的〔屬性表〕命令按鈕，可以在畫面右側開啟或關閉〔屬性表〕工作窗格。針對此題目的作答，請開啟〔屬性表〕工作窗格。

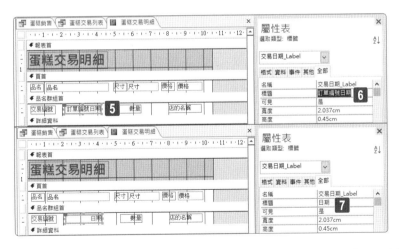

STEP**05** 點選報表設計檢視畫面裡〔品名群組首〕區段裡的「訂單編號日期」標籤控制項。

STEP**06** 在〔屬性表〕工作窗格裡編輯〔標題〕屬性的預設文字「訂單編號日期」。

STEP**07** 將〔標題〕屬性的文字修改成「日期」。

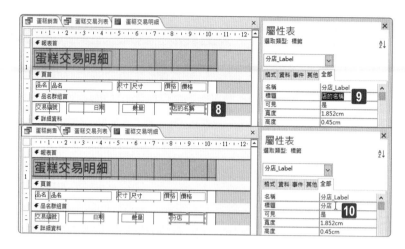

^{STEP}**08** 　點選〔品名群組首〕區段裡的「店的名稱」標籤控制項。

^{STEP}**09** 　在〔屬性表〕工作窗格裡編輯〔標題〕屬性的預設文字「店的名稱」。

^{STEP}**10** 　將〔標題〕屬性的文字修改成「分店」。

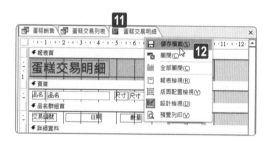

^{STEP}**11** 　以滑鼠右鍵點按〔蛋糕交易明細〕報表設計檢視的頁籤。

^{STEP}**12** 　從展開的快顯功能表中點選〔儲存檔案〕功能選項。

模擬試題 III

此小節設計了一組包含 **Access** 各項必備進階技能的評量
實作題目,可以協助讀者順利挑戰各種與 **Access** 相關的
進階認證考試,共計有 **6** 個專案,每個專案包含 **4 ～ 7** 項
的任務。

專案 **1**　　糕餅公司

您正在透過 Access 資料庫系統更新蛋糕公司第一季銷售記錄的資料表、查詢和表單，並建立每一種產品每個月的銷售量摘要。

| 1 | 2 | 3 | 4 | 5 | 6 | 7 |

請刪除〔蛋糕商品〕資料表裡的「單位」欄位。儲存並關閉資料表。

評量領域：建立與修改資料表

評量目標：建立與修改欄位

評量技能：新增與移除欄位

解題步驟

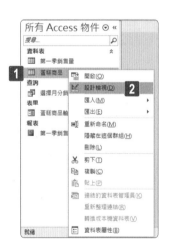

STEP**01**　開啟資料庫後，以滑鼠右鍵點按〔蛋糕商品〕資料表。

STEP**02**　從展開的快顯功能表中點選〔設計檢視〕。

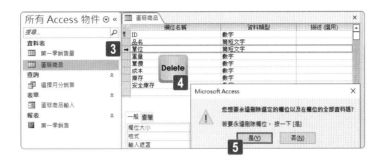

STEP**03**　開啟〔蛋糕商品〕資料表的設計檢視畫面，滑鼠游標停在欄位名稱上，例如：「單位」欄位，將呈黑色朝右箭頭狀，點按一下即可選取該欄位。

STEP**04**　點按 Delete 按鍵。

STEP**05**　顯示是否要永久刪除欄位的對話，點按〔是〕按鈕。

STEP**06**　以滑鼠右鍵點按〔蛋糕商品〕資料表設計檢視的頁籤。

STEP**07**　從展開的快顯功能表中點選〔儲存檔案〕功能選項。

STEP**08**　再次以滑鼠右鍵點按〔蛋糕商品〕資料表設計檢視的頁籤。

STEP**09**　從展開的快顯功能表中點選〔關閉〕功能選項。

1 ━━ **2** ━━ **3** ━━ **4** ━━ **5** ━━ **6** ━━ **7**

在〔第一季銷售量〕資料表中,將「銷售金額」欄位的資料類型變更為貨幣,並設定不帶任何小數位的貨幣符號格式。儲存並關閉資料表。

評量領域:建立與修改資料表

評量目標:建立與修改欄位

評量技能:變更欄位資料類型

〔解題步驟〕

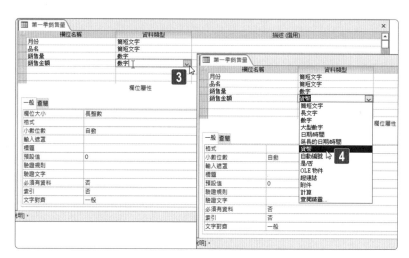

STEP01 以滑鼠右鍵點按〔第一季銷售量〕資料表。

STEP02 從展開的快顯功能表中點選〔設計檢視〕。

STEP03 開啟〔第一季銷售量〕資料表的設計檢視畫面,點選「銷售金額」欄位其資料類型的選項按鈕。

STEP04 從展開的資料類型選單中,點選〔貨幣〕,將原本設定為〔數字〕的資料類型,變更為〔貨幣〕資料類型。

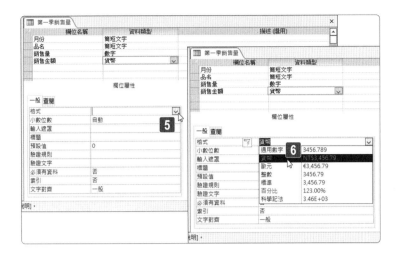

STEP**05** 點按此欄位的〔格式〕屬性右側的下拉式選項按鈕。

STEP**06** 從展開的格式選單中點選〔貨幣〕格式。

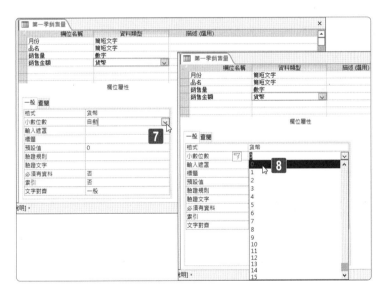

STEP**07** 點按此欄位的〔小數位數〕屬性右側的下拉式選項按鈕。

STEP**08** 從展開的小數位數選單中點選〔0〕格式。

STEP**09** 以滑鼠右鍵點按〔第一季銷售量〕資料表設計檢視畫面的頁籤。

STEP**10** 從展開的快顯功能表中點選〔儲存檔案〕功能選項。

STEP**11** 再次以滑鼠右鍵點按〔第一季銷售量〕資料表設計檢視畫面的頁籤。

STEP**12** 從展開的快顯功能表中點選〔關閉〕功能選項。

| 1 | 2 | **3** | 4 | 5 | 6 | 7 |

修改〔選擇月分銷售〕查詢,以便在「月份」欄位中建立提示文字為「輸入月份」的參數查詢。儲存查詢。

評量領域:建立與修改查詢

評量目標:建立與執行查詢

評量技能:建立基本的參數查詢

解題步驟

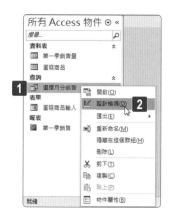

STEP**01** 以滑鼠右鍵點按〔選擇月分銷售〕查詢。

STEP**02** 從展開的快顯功能表中點選〔設計檢視〕。

此查詢共有 4 個查詢輸出欄位，其中「月份」欄位來自〔第一季銷售量〕資料表。而此題目的參數查詢會涉獵到此欄位，因此，在建立參數時必須先理解〔第一季銷售量〕資料表裡的「月份」欄位是什麼資料型態。

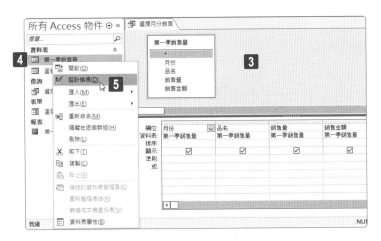

STEP**03**　進入〔選擇月分銷售〕查詢的查詢設計檢視畫面。

STEP**04**　以滑鼠右鍵點按〔第一季銷售量〕資料表名稱。

STEP**05**　從展開的快顯功能表中點選〔設計檢視〕。

STEP**06**　在〔第一季銷售量〕資料表的設計檢視畫面中可以看到「月份」欄位的資料類型是屬於〔簡短文字〕。

STEP**07**　瞭解後點按右側的〔關閉'第一季銷售量'〕按鈕，關閉〔第一季銷售量〕資料表的設計檢視畫面。

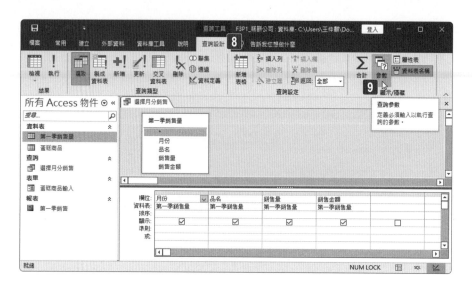

STEP08 回到〔選擇月分銷售〕查詢的查詢設計檢視畫面，點按功能區上方〔查詢工具〕底下的〔查詢設計〕索引標籤。

STEP09 點按〔顯示／隱藏〕群組裡的〔參數〕命令按鈕。

STEP10 開啟〔查詢參數〕對話方塊，點選〔參數〕方塊。

STEP11 輸入此參數查詢的提示文字為「輸入月份」。

STEP12 選擇此參數查詢的資料類型是〔簡短文字〕。

STEP13 點按〔確定〕按鈕。

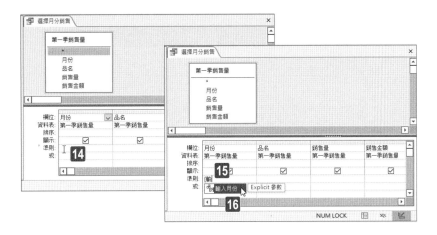

STEP**14** 在查詢設計檢視畫面下半部的 QBE(Query By Example) 區域裡，點選隸屬於〔第一季銷售量〕資料表的「月份」欄位下方的〔準則〕資料列。

STEP**15** 在此輸入「[輸」。

STEP**16** Access 會自動顯示以「輸」為首的參數名稱。例如：「輸入月份」。請點按兩下此「輸入月份」參數。

STEP**17** 〔準則〕資料列裡輸入的是「[輸入月份]」，亦即此查詢的比對準將是「月份」欄位內容是符合「[輸入月份]」內容的資料記錄。

STEP**18** 以滑鼠右鍵點按〔選擇月分銷售〕查詢設計檢視的頁籤。

STEP**19** 從展開的快顯功能表中點選〔儲存檔案〕功能選項。

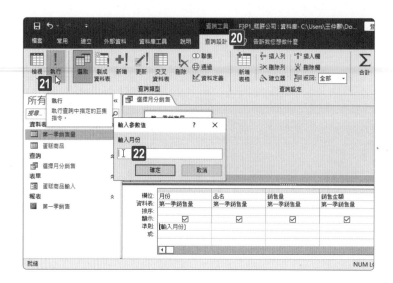

STEP**20** 點按功能區裡〔查詢工具〕底下的〔查詢設計〕索引標籤。

STEP**21** 點按〔結果〕群組裡的〔執行〕命令按鈕。

STEP**22** 開啟〔輸入參數值〕對話方塊,點按〔輸入月份〕文字方塊。

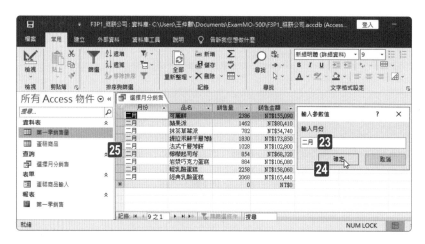

STEP**23** 在〔輸入月份〕文字方塊裡輸入「二月」。此輸入值即成為「[輸入月份]」參數的內容。

STEP**24** 點按〔確定〕按鈕。

STEP**25** 執行此查詢後的結過便是顯示「月份」欄位內容為「[輸入月份]」參數內容的資料記錄,也就是所有月份為「二月」的資料記錄。

| 1 | 2 | 3 | 4 | 5 | 6 | 7 |

修改〔蛋糕商品輸入〕表單,將標題從「蛋糕輸入」變更為「蛋糕商品登入」。儲存表單。

評量領域:在版面配置檢視中修改表單

評量目標:設定表單控制項

評量技能:新增與修改表單標籤

解題步驟

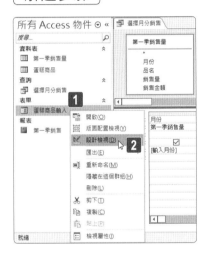

STEP **01**

以滑鼠右鍵點按〔蛋糕商品輸入〕表單。

STEP **02**

從展開的快顯功能表中點選〔設計檢視〕。

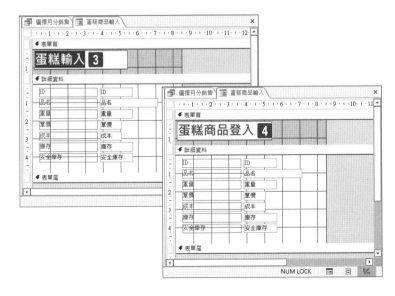

STEP **03**

進入表單設計檢視畫面後,選取〔表單首〕區段裡的標題文字「蛋糕輸入」,修改此文字內容。

STEP **04**

將標題文字改成「蛋糕商品登入」。

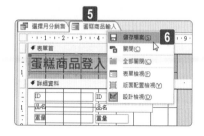

STEP05 以滑鼠右鍵點按〔蛋糕商品輸入〕表單設計檢視的頁籤。

STEP06 從展開的快顯功能表中點選〔儲存檔案〕功能選項。

1	2	3	4	5	6	7

在〔蛋糕商品輸入〕表單的表單首中，以 dd-mmm-yy 的日期格式，以及 12 小時制 (顯示上 / 下午) 不顯示秒數的格式顯示目前時間。注意：大小和位置不重要。儲存表單。

評量領域：在版面配置檢視中修改表單

評量目標：格式化表單

評量技能：在表單頁首與頁尾插入資訊

解題步驟

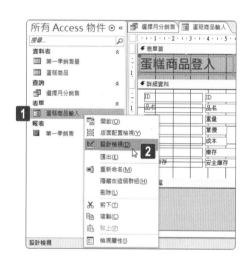

STEP01 以滑鼠右鍵點按〔蛋糕商品輸入〕表單。

STEP02 從展開的快顯功能表中點選〔設計檢視〕。

STEP**03** 進入表單設計檢視畫面後，點按〔表單設計工具〕底下的〔表單設計〕
索引標籤。

STEP**04** 點按〔頁首 / 頁尾〕群組裡的〔日期及時間〕命令按鈕。

STEP**05** 開啟〔日期及時間〕對話方塊。

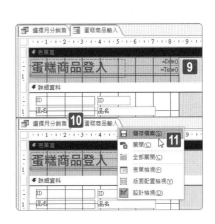

STEP**06** 點選〔包含日期〕底下的第二個選項〔dd-mmm-yy〕。

STEP**07** 點選〔包含時間〕底下的第二個選項〔下午 hh:mm〕時間格式。

STEP**08** 點按〔確定〕按鈕。

STEP**09** 〔表單首〕區段右上角立即顯示日期控制項與時間控制項

STEP**10** 以滑鼠右鍵點按〔蛋糕商品輸入〕表單設計檢視的頁籤。

STEP**11** 從展開的快顯功能表中點選〔儲存檔案〕功能選項。

| 1 | 2 | 3 | 4 | 5 | 6 | 7 |

在〔第一季銷售〕報表中，將圖像藝廊裡的「cake.jpg」圖像設定為背景影像。儲存報表。

評量領域：在版面配置檢視中修改報表

評量目標：格式化報表

評量技能：格式化報表元素

解題步驟

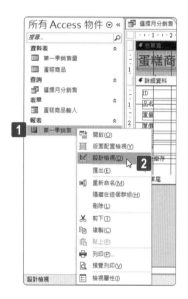

STEP01 以滑鼠右鍵點按〔第一季銷售〕報表。

STEP02 從展開的快顯功能表中點選〔設計檢視〕。

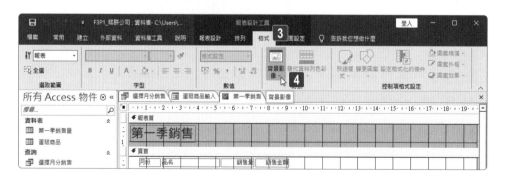

STEP03 點按功能區〔報表設計工具〕底下的〔格式〕索引標籤。

STEP04 點按〔背景〕群組裡的〔背景影像〕命令按鈕。

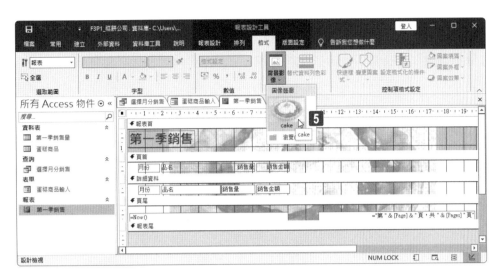

^{STEP}**05** 從下拉選單中點選〔cake〕影像。

如果圖像藝廊裡面沒有圖片檔案,可以點按〔背景影像〕下拉選單中的〔瀏覽〕功能選項。

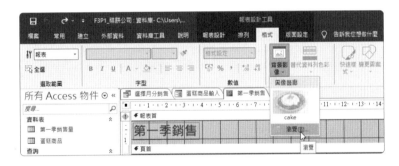

在開啟的〔插入圖片〕對話方塊裡切換至〔ExamMO-500〕資料夾,可從中選取〔cake.jpg〕影像檔案。

1 ─ 2 ─ 3 ─ 4 ─ 5 ─ 6 ─ 7

使用查詢精靈並根據〔第一季銷售量〕資料表建立交叉資料表查詢。選擇「品名」欄位當成列標題,並且將「月份」欄位當成欄標題。對於每個欄與列的交點計算,則是根據「銷售金額」欄位〔合計〕總交易金額,並設定此查詢名稱為「各產品第一季銷售量合計」,接受其他預設設定,完成精靈操作以檢視查詢結果。

評量領域:建立與修改查詢

評量目標:建立與執行查詢

評量技能:建立基本的交叉資料表查詢

解題步驟

STEP**01** 點按〔建立〕索引標籤。

STEP**02** 點按〔查詢〕群組裡的〔查詢精靈〕命令按鈕。

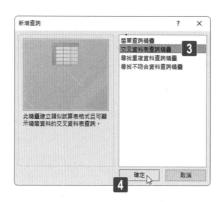

STEP**03** 開啟〔新增查詢〕對話方塊,點選〔交叉資料表查詢精靈〕選項。

STEP**04** 點按〔確定〕按鈕。

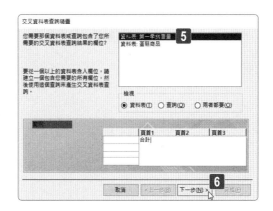

STEP**05** 開啟〔交叉資料表查詢精靈〕對話，點選〔資料表：第一季銷售量〕
選項。

STEP**06** 點按〔下一步〕按鈕。

STEP**07** 點選〔品名〕欄位。

STEP**08** 點按〔＞〕按鈕。

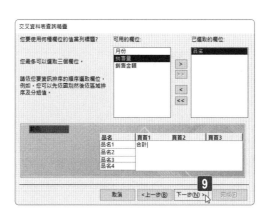

STEP**09** 點按〔下一步〕按鈕。

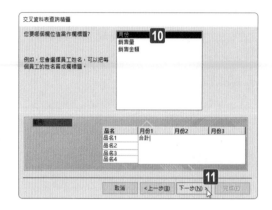

STEP**10** 點選〔月份〕欄位。

STEP**11** 點按〔下一步〕按鈕。

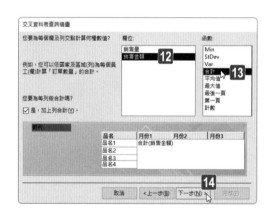

STEP**12** 點選〔銷售金額〕欄位。

STEP**13** 點選〔合計〕函數。

STEP**14** 點按〔下一步〕按鈕。

STEP**15** 選取原本預設的查詢名稱並將其刪除。

STEP**16** 輸入自訂的查詢名稱「各產品第一季銷售量合計」。

STEP**17** 點按〔完成〕按鈕,完成並結束〔交叉資料表查詢精靈〕的對話操作。

完成〔各產品第一季銷售量合計〕查詢的建立並執行該查詢。

専案 **2**　自行車超市

全泉自行車超市正在使用 Access 資料庫系統中追蹤商品銷售與客服維修問題和問題解決狀況。

| 1 | 2 | 3 | 4 | 5 |

在〔類別〕資料表和〔品項〕資料表之間對建立一對多關聯性並執行強迫參考完整性。確保在〔類別〕資料表中對「類別代碼」欄位所做的變更也會影響到〔品項〕資料表的「類別」欄位的變更。請確保認可此次的設定，並關閉關聯圖檢視畫面。

評量領域：管理資料庫
評量目標：管理資料表關聯性與索引鍵
評量技能：啟用參考完整性

解題步驟

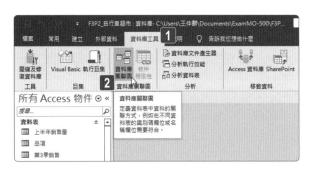

STEP01　開啟資料庫後，點按功能區裡的〔資料庫工具〕索引標籤。

STEP02　點按〔資料庫關聯圖〕群組裡的〔資料庫關聯圖〕命令按鈕。

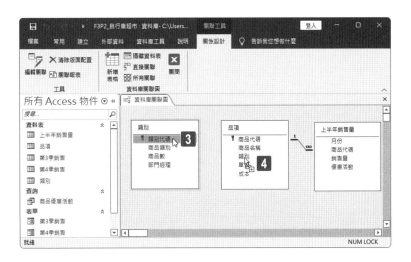

STEP**03** 開啟資料庫關聯圖檢視畫面，點選並拖曳〔類別〕資料表裡的「類別代碼」欄位，往〔品項〕資料表的方向拖曳。

STEP**04** 將〔類別〕資料表裡的「類別代碼」欄位拖曳疊放在〔品項〕資料表裡的「類別」欄位上。

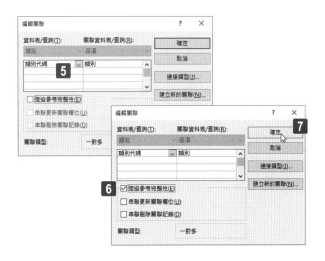

STEP**05** 開啟〔編輯關聯〕對話方塊，確認目前的關聯設定是〔類別〕資料表中的「類別代碼」欄位，對應著〔品項〕資料表的「類別」欄位。

STEP**06** 勾選〔強迫參考完整性〕核取方塊。

STEP**07** 點按〔確定〕按鈕，結束並關閉〔編輯關聯〕對話方塊的操作。

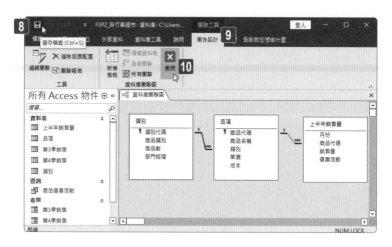

STEP**08**　點按視窗左上角的〔儲存檔案〕按鈕。

STEP**09**　點按功能區〔關聯工具〕底下的〔關係設計〕索引標籤。

STEP**10**　點按〔資料庫關聯圖〕群組裡的〔關閉〕命令按鈕。

1 — 2 — 3 — 4 — 5

將〔商品優惠活動〕查詢的查詢類型變更為〔更新〕查詢。修改此查詢，使其可以針對所有商品名稱是以「登山車」開頭的商品，將〔上半年銷售量〕資料表的「優惠活動」欄位值設定為「Yes」。儲存並執行查詢。

評量領域：建立與修改查詢

評量目標：建立與執行查詢

評量技能：建立基本的動作查詢

解題步驟

STEP**01**

以滑鼠右鍵點按〔商品優惠活動〕查詢。

STEP**02**

從展開的快顯功能表中點選〔設計檢視〕。

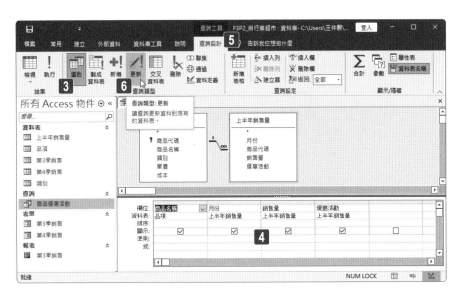

^{STEP}**03** 進入〔商品優惠活動〕查詢的查詢設計檢視畫面,目前此查詢的類型
是屬於〔選取〕查詢。

^{STEP}**04** 此查詢目前有 4 個資料輸出欄位。

^{STEP}**05** 點按功能區上方〔查詢工具〕底下的〔查詢設計〕索引標籤。

^{STEP}**06** 點按〔查詢類型〕群組裡的〔更新〕命令按鈕。

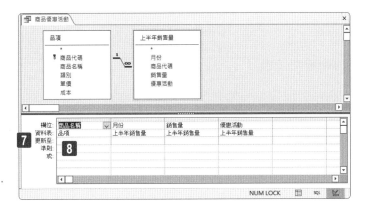

^{STEP}**07** 在查詢設計檢視畫面下半部的 QBE(Query By Example) 區域裡,立
即顯示〔更新至〕的資料列。

^{STEP}**08** 點選隸屬於〔品項〕資料表的「商品名稱」欄位下方的〔準則〕資
料列。

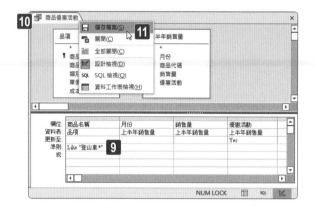

STEP**09** 輸入「Like " 登山車 *"」。

STEP**10** 以滑鼠右鍵點按〔商品優惠活動〕查詢設計檢視的頁籤。

STEP**11** 從展開的快顯功能表中點選〔儲存檔案〕功能選項。

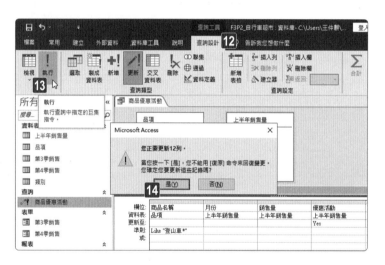

STEP**12** 點按功能區裡〔查詢工具〕底下的〔查詢設計〕索引標籤。

STEP**13** 點按〔結果〕群組裡的〔執行〕命令按鈕。

STEP**14** 執行此查詢後將更新多筆資料紀錄，顯示正要更新的確認對話方塊後，
點按〔是〕按鈕。

在〔第 3 季銷售〕表單上，於「商品代碼」和「單價」欄位之間的兩個空白列中，插入來自〔第 3 季銷售〕資料表的「商品類別」和「商品名稱」的欄位及標籤。注意：順序和位置不重要，最後請儲存表單。

評量領域：在版面配置檢視中修改表單
評量目標：設定表單控制項
評量技能：新增、移動與移除表單控制項

解題步驟

STEP **01** 以滑鼠右鍵點按〔第 3 季銷售〕表單。

STEP **02** 從展開的快顯功能表中點選〔設計檢視〕。

STEP **03** 進入表單設計檢視畫面後，點按〔表單設計工具〕底下的〔表單設計〕索引標籤。

STEP **04** 點按〔工具〕群組裡的〔新增現有欄位〕命令按鈕，可以在檢視畫面的右側開啟或關閉〔欄位清單〕工作窗格。請確認可以在檢視畫面右側看到〔欄位清單〕工作窗格。

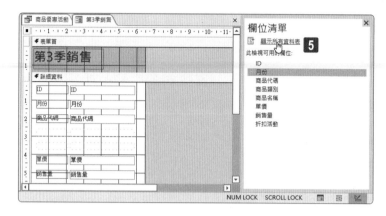

STEP05 點按〔欄位清單〕工作窗格裡的〔顯示所有資料表〕選項。

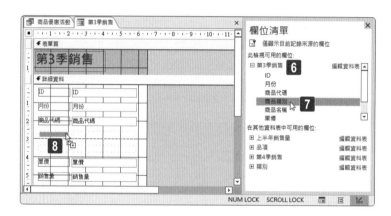

STEP06 展開〔第 3 季銷售〕資料表的欄位清單，顯示該資料表裡可以使用的資料欄位。

STEP07 拖曳「商品類別」欄位。

STEP08 將「商品類別」欄位拖曳放置在表單〔詳細資料〕區段裡的「商品代碼」標籤控制項下方。

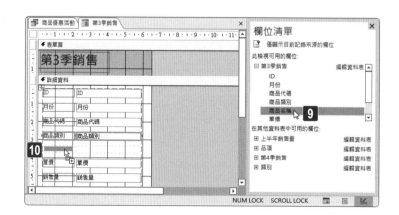

^{STEP}**09** 拖曳「商品名稱」欄位。

^{STEP}**10** 將「商品名稱」欄位拖曳放置在表單〔詳細資料〕區段裡的「商品類別」標籤控制項下方。

^{STEP}**11** 以滑鼠右鍵點按〔第 3 季銷售〕表單設計檢視的頁籤。

^{STEP}**12** 從展開的快顯功能表中點選〔儲存檔案〕功能選項。

1 —— **2** —— **3** —— **4** —— **5**

在〔第 4 季銷售〕表單中,依照「商品名稱」欄位的遞增字母順序顯示記錄。儲存表單。

評量領域:在版面配置檢視中修改表單

評量目標:格式化表單

評量技能:依照表單欄位排序記錄

〔解題步驟〕

^{STEP}**01** 以滑鼠右鍵點按〔第 4 季銷售〕表單。

^{STEP}**02** 從展開的快顯功能表中點選〔版面配置檢視〕。

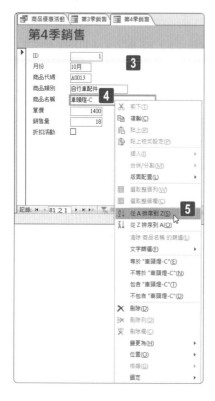
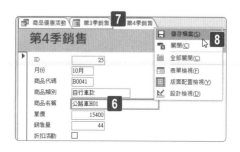

STEP03　進入〔第 4 季銷售〕表單的表單版面配置檢視畫面。

STEP04　以滑鼠右鍵點按〔商品名稱〕控制項。

STEP05　從展開的快顯功能表中點選〔從 A 排序到 Z〕功能選項。

STEP06　〔第 4 季銷售〕表單立即依照「商品名稱」的遞增順序顯示記錄。

STEP07　以滑鼠右鍵點按〔第 4 季銷售〕表單設計檢視的頁籤。

STEP08　從展開的快顯功能表中點選〔儲存檔案〕功能選項。

```
1 —— 2 —— 3 —— 4 —— 5
```

在〔第 3 季銷售〕報表中，依照「商品類別」欄位將記錄分組。然後，將「商品類別」資料欄位暨標籤置入「商品類別群組首」區段裡，實際位置不拘。儲存報表。

評量領域：在版面配置檢視中修改報表

評量目標：設定報表控制項

評量技能：分組與排序報表中的欄位

解題步驟

STEP**01**

以滑鼠右鍵點按〔第 3 季銷售〕表單。

STEP**02**

從展開的快顯功能表中點選〔設計檢視〕。

STEP**03**　進入〔第 3 季銷售〕報表的設計檢視畫面。

STEP**04**　點按功能區裡〔報表設計工具〕底下的〔報表設計〕索引標籤。

STEP**05**　點按〔分組及合計〕群組裡的〔群組及排序〕命令按鈕。

STEP**06**　報表設計檢視畫面下方立即顯示群組操作窗格,點按〔新增群組〕。

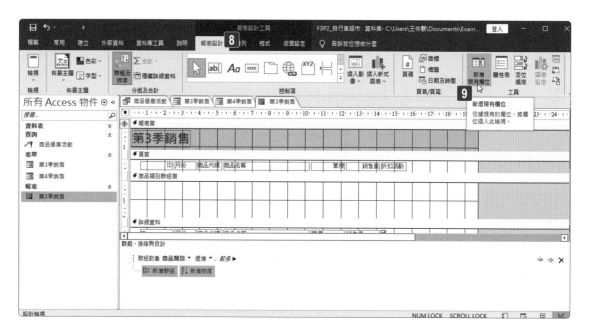

^{STEP}**07** 立即展開群組對象選單，點選〔商品類別〕，也就是以「商品類別」
欄位作為報表群組依據。

^{STEP}**08** 點按〔表單設計工具〕底下的〔表單設計〕索引標籤。

^{STEP}**09** 點按〔工具〕群組裡的〔新增現有欄位〕命令按鈕，可以在檢視畫面
的右側開啟或關閉〔欄位清單〕工作窗格。請確認可以在檢視畫面右
側看到〔欄位清單〕工作窗格。

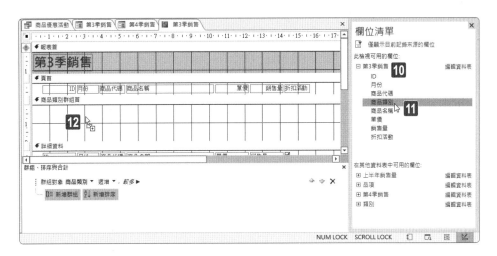

STEP**10** 在〔欄位清單〕工作窗格裡展開〔第 3 季銷售〕資料表的欄位清單，
顯示該資料表裡可以使用的資料欄位。

STEP**11** 點選並拖曳「商品類別」欄位，往左拖曳至〔商品類別群組首〕區段。

STEP**12** 將「商品類別」欄位放置在〔商品類別群組首〕區段，位置不拘。

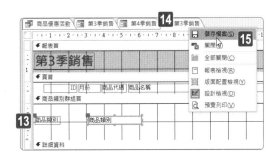

STEP**13** 在表單〔商品類別群組首〕區段裡的「商品類別」控制項即成為報表
群組標題。

STEP**14** 以滑鼠右鍵點按〔第 3 季銷售〕報表設計檢視畫面的頁籤。

STEP**15** 從展開的快顯功能表中點選〔儲存檔案〕功能選項。

專案 3　布丁甜點店

您正在協助布丁甜點公司利用 Access 資料庫管理各分店銷售資料，建立與銷售相關的資料查詢。

| 1 | 2 | 3 | 4 | 5 |

在〔布丁商品〕資料表中，設置「編號」資料欄位為主索引鍵，儲存並關閉資料表。

評量領域：管理資料庫

評量目標：管理資料表關聯性與索引鍵

評量技能：設定主索引鍵

解題步驟

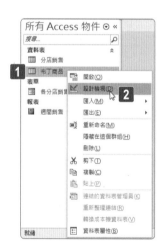

STEP01　以滑鼠右鍵點按〔布丁商品〕資料表。

STEP02　從展開的快顯功能表中點選〔設計檢視〕。

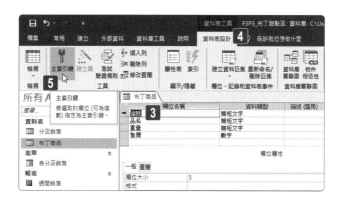

STEP03 開啟〔專案清單〕資料表的設計檢視畫面,點選「編號」欄位。

STEP04 點按功能區裡〔資料表工具〕底下〔資料表設計〕索引標籤。

STEP05 點按〔工具〕群組裡的〔主索引鍵〕命令按鈕。

STEP06 完成「編號」欄位的主索引鍵設定後,此欄位名稱的左側會顯示一個金黃色鑰匙的圖示。

STEP07 點按畫面左上角的〔儲存檔案〕工具按鈕。

STEP08 點按〔布丁商品〕設計檢視畫面右側的〔關閉 '布丁商品'〕按鈕。

1 ── 2 ── 3 ── 4 ── 5

使用「布丁商品」資料表的「編號」資料欄位和「分店銷售」資料表的「商品編號」資料欄位，修改在兩者之間所建立的一對多關聯。連結應當返回所有來自「布丁商品」的記錄，即使「分店銷售」資料表裡並未包含相關的記錄。接受所有其他的預設值。

評量領域：管理資料庫
評量目標：管理資料表關聯性與索引鍵
評量技能：了解關聯性

解題步驟

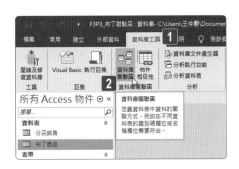

STEP01　點按功能區裡的〔資料庫工具〕索引標籤。

STEP02　點按〔資料庫關聯圖〕群組裡的〔資料庫關聯圖〕命令按鈕。

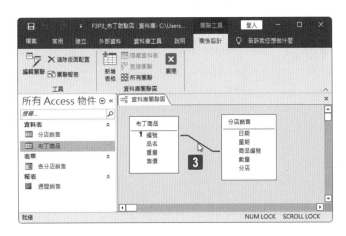

STEP03　開啟資料庫關聯圖檢視畫面，以滑鼠左鍵點按兩下〔布丁商品〕資料表與〔分店銷售〕資料表之間既有的關聯線條。

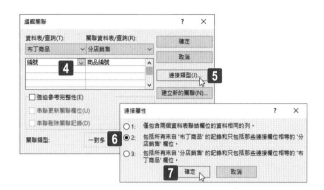

STEP**04** 開啟〔編輯關聯〕對話方塊，確認目前的關聯設定是〔布丁商品〕資料表中的「編號」欄位，對應著〔分店銷售〕資料表的「商品編號」欄位。

STEP**05** 點按〔連接類型〕按鈕。

STEP**06** 開啟〔連接屬性〕對話方塊，點選〔2：包括所有來自 ' 布丁商品 ' 的記錄和只包括那些連接欄位相等的 ' 分店銷售 ' 欄位。〕選項。

STEP**07** 點按〔確定〕按鈕，結束並關閉〔連接屬性〕對話方塊的操作。

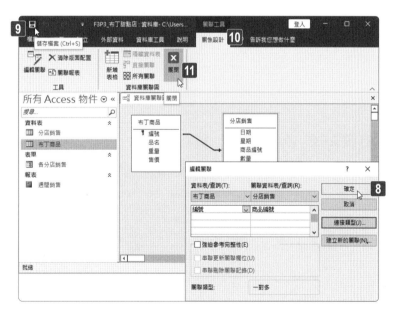

STEP**08** 回到〔編輯關聯〕對話方塊，點按〔確定〕按鈕，結束並關閉〔編輯關聯〕對話方塊的操作。

STEP**09** 點按左上角的〔儲存檔案〕工具按鈕。

STEP**10** 點按功能區〔關聯工具〕底下的〔關係設計〕索引標籤。

STEP**11** 點按〔資料庫關聯圖〕群組裡的〔關閉〕命令按鈕。

1 ━ **2** ━ **3** ━ **4** ━ **5**

在〔分店銷售〕資料表中的「商品編號」欄位與「數量」欄位之間增加一個單精確的數字欄位，欄位名稱命名為「獎金率」並設定其預設值為 0.025。儲存並關閉此資料表。

評量領域：建立與修改資料表
評量目標：建立與修改欄位
評量技能：設定預設值

解題步驟

STEP**01** 以滑鼠右鍵點按〔分店銷售〕資料表。

STEP**02** 從展開的快顯功能表中點選〔設計檢視〕。

STEP**03** 開啟〔分店銷售〕資料表的設計檢視畫面，以滑鼠右鍵點按「數量」欄位名稱。

STEP**04** 從展開的快顯功能表中點選〔插入列〕功能選項。

STEP**05** 在「數量」欄位上方與「商品編號」欄位之間新增了一個空白列。

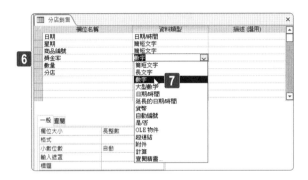

STEP**06** 在空白列上輸入新的欄位名稱「獎金率」。

STEP**07** 點選「獎金率」欄位的資料類型下拉式選單,從中點選〔數字〕資料類型。

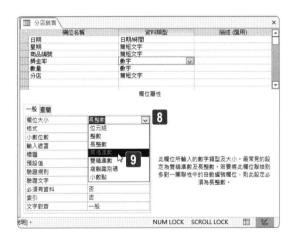

STEP**08** 在欄位屬性裡的〔欄位大小〕屬性裡點按下拉式選單按鈕。

STEP**09** 點選〔單精準數〕選項。

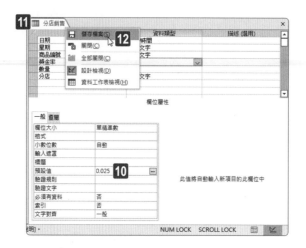

STEP**10** 輸入〔預設值〕屬性的值為「0.025」。

STEP**11** 以滑鼠右鍵點按〔分店銷售〕資料表設計檢視的頁籤。

STEP**12** 從展開的快顯功能表中點選〔儲存檔案〕功能選項。

STEP**13** 再次以滑鼠右鍵點按〔分店銷售〕資料表設計檢視的頁籤。

STEP**14** 從展開的快顯功能表中點選〔關閉〕功能選項。

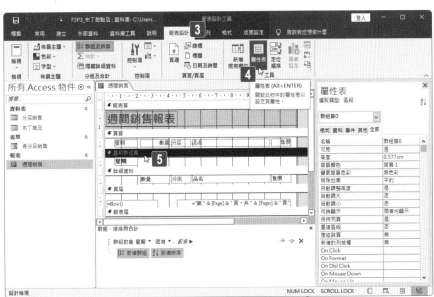

1 — 2 — 3 — (4) — 5

在〔週間銷售〕報表中,設定〔星期群組首〕區段的背景顏色為「紅色,輔色2,較淺60%」。儲存報表。

評量領域:在版面配置檢視中修改報表
評量目標:格式化報表
評量技能:格式化報表元素

解題步驟

STEP**01** 以滑鼠右鍵點按〔週間銷售〕報表。

STEP**02** 從展開的快顯功能表中點選〔設計檢視〕功能選項。

STEP**03** 進入〔週間銷售〕報表的報表設計檢視畫面。點按〔報表設計工具〕底下的〔報表設計〕索引標籤。

STEP**04** 點按〔工具〕群組裡的〔屬性表〕命令按鈕,可以在畫面右側開啟或關閉〔屬性表〕工作窗格。針對此題目的作答,請開啟〔屬性表〕工作窗格。

STEP**05** 點選報表設計檢視畫面裡的〔星期群組首〕區段。

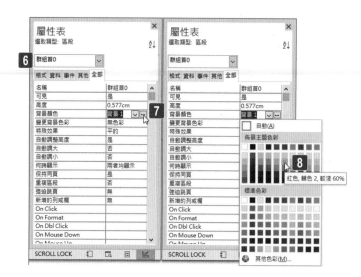

STEP**06** 〔屬性表〕工作窗格立即顯示〔群組首〕區段裡的各項屬性選項。

STEP**07** 點選〔屬性表〕工作窗格裡〔背景色彩〕屬性旁的〔…〕按鈕。

STEP**08** 從展開的色盤中點選〔佈景主題色彩〕裡的〔紅色，輔色 2，較淺 60%〕選項。

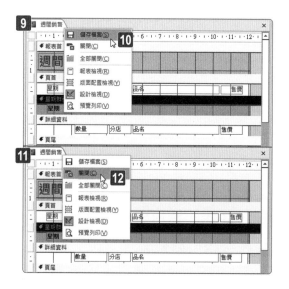

STEP**09** 以滑鼠右鍵點按〔週間銷售〕報表設計檢視的頁籤。

STEP**10** 從展開的快顯功能表中點選〔儲存檔案〕功能選項。

STEP**11** 再次以滑鼠右鍵點按〔週間銷售〕報表設計檢視的頁籤。

STEP**12** 從展開的快顯功能表中點選〔關閉〕功能選項。

建立一個名為「假日東分店」的查詢，使其顯示「布丁商品」資料表的「品名」資料欄位，以及「分店銷售」資料表內的「星期」資料欄位、「數量」資料欄位與「分店」資料欄位。並使其僅傳回「星期天」且所有分店名稱開頭為「東」的銷售記錄。儲存此查詢後可自行決定是否執行這個查詢。

評量領域：建立與修改查詢
評量目標：建立與執行查詢
評量技能：建立基本的動作查詢

解題步驟

STEP01 點按 Access 功能區裡的〔建立〕索引標籤。

STEP02 點按〔查詢〕群組裡的〔查詢設計〕命令按鈕。

STEP03 開啟〔顯示資料表〕對話方塊。

STEP04 點選〔分店銷售〕資料表。

STEP05 按住 Ctrl 按鍵後，再分別點選 (複選)〔布丁商品〕資料表。

STEP06 點按〔新增〕按鈕。

STEP07 點按〔關閉〕按鈕，結束並關閉〔顯示資料表〕對話方塊的操作。

STEP08 所建立的查詢其預設名稱為〔查詢1〕。

STEP09 查詢設計檢視畫面的上半部已經顯示著所選取的兩張資料表的欄名清單。

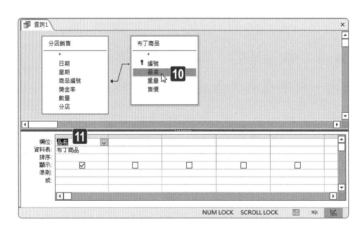

STEP10 點按兩下〔布丁商品〕資料表欄名清單裡的「品名」欄位。

STEP11 〔布丁商品〕資料表的「品名」欄位成為第1個查詢輸出欄位。

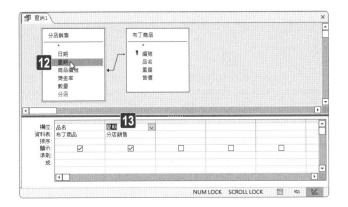

STEP**12** 點按兩下〔分店銷售〕資料表欄名清單裡的「星期」欄位。

STEP**13** 〔分店銷售〕資料表的「星期」欄位成為第 2 個查詢輸出欄位。

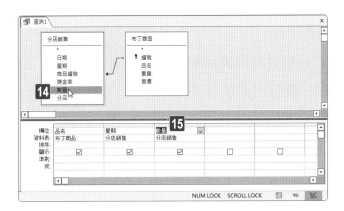

STEP**14** 點按兩下〔分店銷售〕資料表欄名清單裡的「數量」欄位。

STEP**15** 〔分店銷售〕資料表的「數量」欄位成為第 3 個查詢輸出欄位。

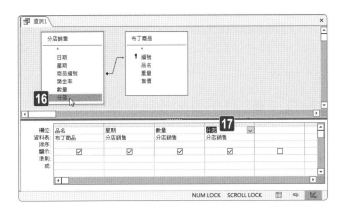

STEP**16** 點按兩下〔分店銷售〕資料表欄名清單裡的「分店」欄位。

STEP**17** 〔分店銷售〕資料表的「分店」欄位成為第 4 個查詢輸出欄位。

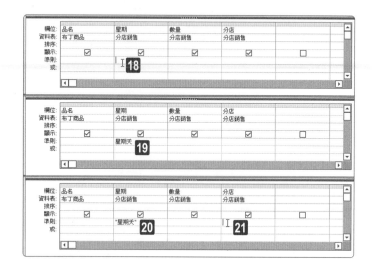

STEP18 點選「星期」欄位下方的〔準則〕列。

STEP19 輸入「星期天」。

STEP20 所輸入的文字準則內容會自動形成字串格式。

STEP21 點選「分店」欄位下方的〔準則〕列。

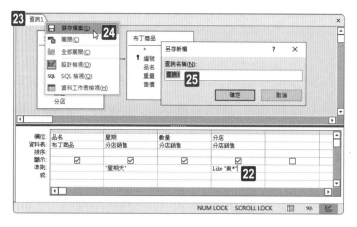

STEP22 輸入「Like " 東 *"」。

STEP23 以滑鼠右鍵點按〔查詢 1〕查詢設計檢視的頁籤。

STEP24 從展開的快顯功能表中點選〔儲存檔案〕功能選項。

STEP25 開啟〔另存新檔〕對話方塊，刪除預設的查詢名稱。

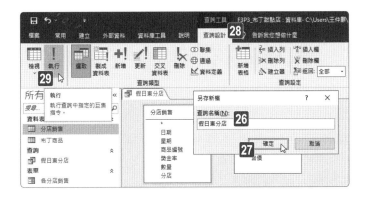

STEP**26** 輸入查詢名稱為「假日東分店」。

STEP**27** 點按〔確定〕按鈕，結束〔另存新檔〕對話方塊的操作。

STEP**28** 點按功能區裡〔查詢工具〕底下的〔查詢設計〕索引標籤。

STEP**29** 點按〔結果〕群組裡的〔執行〕命令按鈕。

STEP**30** 此〔假日東分店〕查詢的結果，顯示出「星期天」且所有分店名稱開頭為「東」的銷售記錄總共有 2980 筆資料記錄。

專案 4 預購專案

您正在使用利用 Access 資料庫系統,管理公司的營運與預購和訂購工作,並編輯相關所需的查詢作業。

1　**2**　**3**　**4**

將製「新產品」資料表儲存為一個 Excel 活頁簿,儲存在〔ExamMO-500〕資料夾中。此 Excel 活頁簿檔案名稱請命名為「新品上市 .xlsx」。保留格式和版面配置。

評量領域:管理資料庫

評量目標:列印與匯出資料

評量技能:將物件匯出為替代格式

〔解題步驟〕

STEP**01**　點選〔新產品〕資料表。

STEP**02**　點按〔外部資料〕索引標籤。

STEP**03**　點按〔匯出〕群組裡的〔Excel〕命令按鈕。

STEP**04** 開啟〔匯出 -Excel 試算表〕對話操作,點按〔瀏覽〕按鈕。

STEP**05** 開啟〔儲存檔案〕對話方塊,切換至〔ExamMO-500〕資料夾路徑。

STEP**06** 輸入檔案名稱為「新品上市」(副檔名為 .xlsx)。

STEP**07** 點按〔儲存〕按鈕。

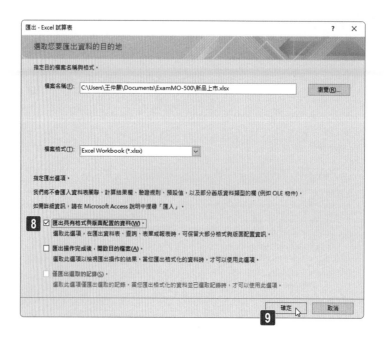

STEP**08** 回到〔匯出 -Excel 試算表〕對話操作，勾選〔匯出具有格式與版面配置的資料〕核取方塊。

STEP**09** 點按〔確定〕按鈕。

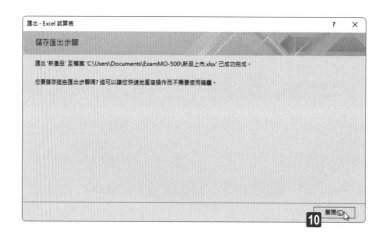

STEP**10** 點按〔關閉〕按鈕，完成並關閉〔匯出 -Excel 試算表〕的對話操作。

編輯〔新品列表〕查詢,顯示「鑑賞價」超過 20000 的資料記錄,並取消「網頁」欄位的顯示。儲存查詢後再關閉查詢。

評量領域:建立與修改查詢
評量目標:修改查詢
評量技能:新增、隱藏與移除查詢中的欄位

解題步驟

STEP**01** 以滑鼠右鍵點按〔新品列表〕查詢。

STEP**02** 從展開的快顯功能表中點選〔設計檢視〕。

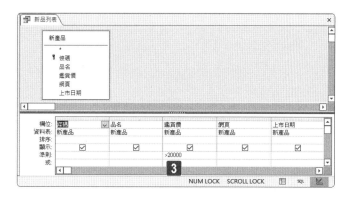

STEP**03** 進入〔新品列表〕查詢的查詢設計檢視畫面,點選「鑑賞價」欄位底下的〔準則〕列並輸入該欄位的準則條件為「>20000」。

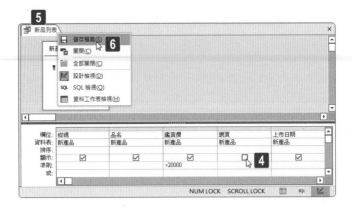

STEP**04** 取消「網頁」欄位底下〔顯示〕列裡核取方塊的勾選。

STEP**05** 以滑鼠右鍵點按〔新品列表〕查詢設計檢視的頁籤。

STEP**06** 從展開的快顯功能表中點選〔儲存檔案〕功能選項。

STEP**07** 再次以滑鼠右鍵點按〔新品列表〕查詢設計檢視的頁籤。

STEP**08** 從展開的快顯功能表中點選〔關閉〕功能選項。

1 — **2** — **3** — **4**

修改〔應收款〕查詢,新增第3個欄位,此欄位命名〔金額〕並建立其公式為「金額:[鑑賞價]*[數量]-[訂金]」。然後,調整此查詢為合計查詢,並設定「品名」欄位與「數量」欄位皆為「群組」、「金額」欄位則進行總計運算。儲存查詢。您可以執行查詢以確認結果。

評量領域:建立與修改查詢
評量目標:修改查詢
評量技能:篩選查詢中的資料

〔解題步驟〕

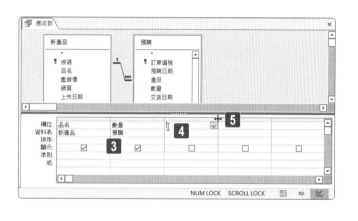

STEP01 以滑鼠右鍵點按〔應收款〕查詢。

STEP02 從展開的快顯功能表中點選〔設計檢視〕。

STEP03 進入〔應收款〕查詢的查詢設計檢視畫面,目前此查詢已經有「品名」與「數量」這兩個輸出欄位了。

STEP04 點按第三個空白〔欄位〕列,由於此欄位要輸入公式,可事先調整為較寬的欄位。

STEP05 將滑鼠游標停在右側欄位分界線(滑鼠游標將呈現十字形左右雙箭頭狀),往右拖曳。

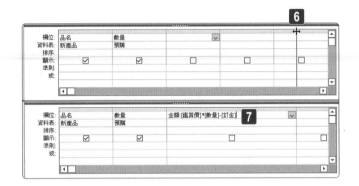

STEP06 將第三個空白欄位調寬。

STEP07 輸入此欄位欄名與公式為「金額 :[鑑賞價]*[數量]-[訂金]」。

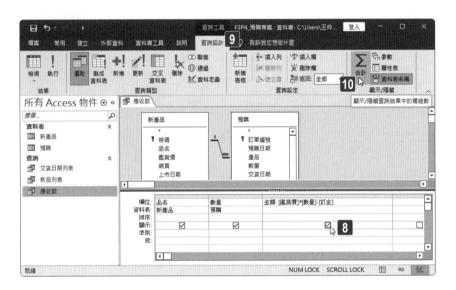

STEP08 勾選「金額 :[鑑賞價]*[數量]-[訂金]」欄位下方〔顯示〕列裡的核取方塊。

STEP09 點按功能區上方〔查詢工具〕底下的〔查詢設計〕索引標籤。

STEP10 點按〔顯示 / 隱藏〕群組裡的〔合計〕命令按鈕。

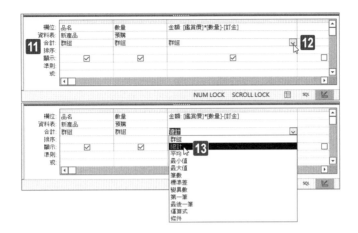

在查詢設計檢視畫面下半部的 QBE(Query By Example) 區域裡，立即顯示〔合計〕的資料列，且目前三個查詢輸出欄位都預設為〔群組〕。

STEP12 點按「金額:[鑑賞價]*[數量]-[訂金]」欄位下方〔合計〕列旁的下拉式選項按鈕。

STEP13 從展開的選單中點選〔總計〕選項。

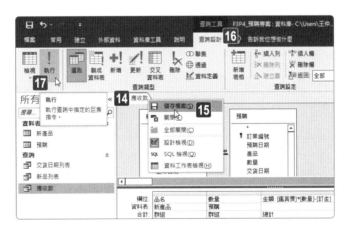

STEP14 以滑鼠右鍵點按〔應收款〕查詢設計檢視的頁籤。

STEP15 從展開的快顯功能表中點選〔儲存檔案〕功能選項。

STEP16 點按功能區上方〔查詢工具〕底下的〔查詢設計〕索引標籤。

STEP17 點按〔結果〕群組裡的〔執行〕命令按鈕。

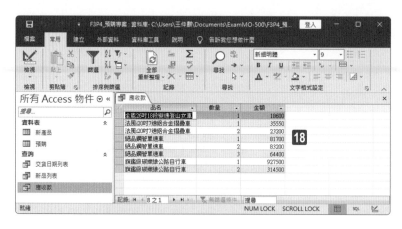

STEP18 此〔應收款〕查詢的執行結果是根據「品名」及「數量」為群組的「金額」加總。

以兩個層級為〔交貨日期列表〕查詢進行排序：第一個層級依照「交貨日期」以遞增排序，第二個層級則是依照「品名」以遞增方式排序。儲存查詢。您可以執行查詢以確認結果。

評量領域：建立與修改查詢
評量目標：修改查詢
評量技能：篩選查詢中的資料

〔解題步驟〕

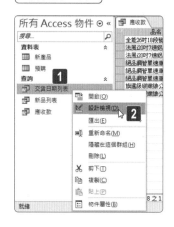

STEP01

以滑鼠右鍵點按〔交貨日期列表〕查詢。

STEP02

從展開的快顯功能表中點選〔設計檢視〕。

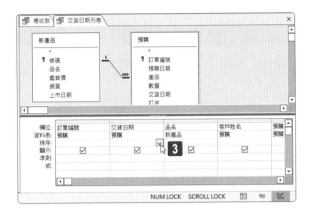

^{STEP}**03** 進入〔交貨日期列表〕查詢的查詢設計檢視畫面,在下半部的
QBE(Query By Example) 區域裡,點選〔交貨日期〕欄位下方〔排
序〕列的下拉式選項按鈕。

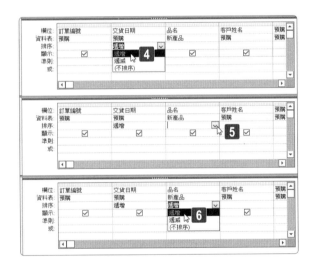

^{STEP}**04** 從排序選單中點選〔遞增〕選項。

^{STEP}**05** 點選〔品名〕欄位下方〔排序〕列的下拉式選項按鈕。

^{STEP}**06** 從排序選單中點選〔遞增〕選項。

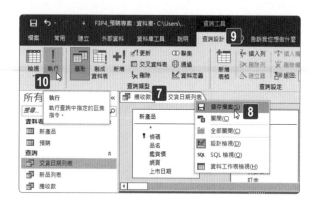

STEP07 以滑鼠右鍵點按〔交貨日期列表〕查詢設計檢視的頁籤。

STEP08 從展開的快顯功能表中點選〔儲存檔案〕功能選項。

STEP09 點按功能區上方〔查詢工具〕底下的〔查詢設計〕索引標籤。

STEP10 點按〔結果〕群組裡的〔執行〕命令按鈕。

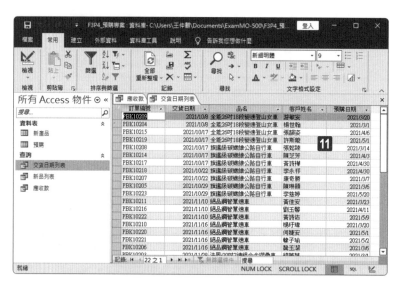

STEP11 先以「交貨日期」遞增排序後再以「品名」遞增方式排序的查詢結果。

專案 **5**　科技大學

您正在規劃 Access 資料庫，讓資訊科技大學可以用來追蹤管理學生成績與新課程的規劃。

| 1 | 2 | 3 | 4 | 5 |

請將〔通識課程成績〕報表從資料庫中刪除。

評量領域：管理資料庫

評量目標：修改資料庫結構

評量技能：刪除資料庫物件

解題步驟

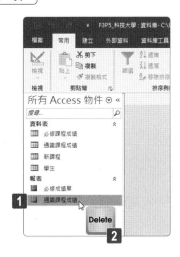

STEP**01** 開啟資料庫後，點選〔通識課程成績〕報表。

STEP**02** 按一下鍵盤上的〔Delete〕按鍵。

STEP**03** 開啟確認是否永久刪除報表的對話，點按〔是〕按鈕。

建立名為〔授課講師〕的資料表,使其可以連結到〔ExamMO-500〕資料夾中的授課講師活頁簿。接受所有其他預設選項。

評量領域:建立與修改資料表

評量目標:建立資料表

評量技能:從外部來源建立連結資料表

解題步驟

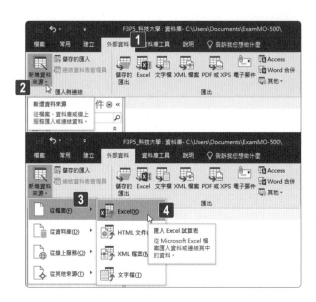

STEP**01** 點按功能區裡的〔外部資料〕索引標籤。

STEP**02** 點按〔匯入與連結〕群組裡的〔新增資料來源〕命令按鈕。

STEP**03** 從展開的下拉式功能選單中點選〔從檔案〕選項。

STEP**04** 再從展開的副選單中點選〔Excel〕選項。

STEP**05** 開啟〔取得外部資料 -Excel 試算表〕對話操作,點按〔瀏覽〕按鈕。

STEP**06** 開啟〔開啟舊檔〕對話方塊,選擇路徑為〔ExamMO-500〕資料夾。

STEP**07** 點選〔授課講師〕活頁簿檔案。

STEP**08** 點按〔開啟〕按鈕。

STEP**09** 回到〔取得外部資料 -Excel 試算表〕對話操作，點按〔以建立連結資料表的方式，連結至資料來源〕選項。

STEP**10** 點按〔確定〕按鈕。

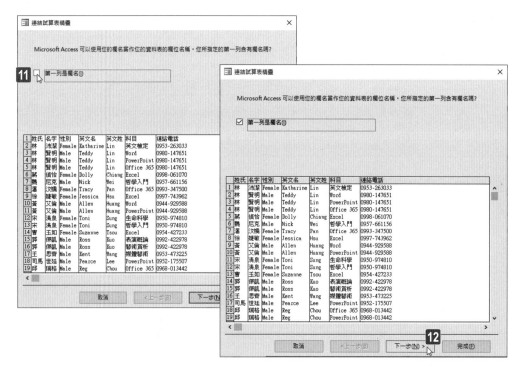

STEP**11** 開啟〔連結試算表精靈〕對話操作，勾選〔第一列是欄名〕核取方塊。

STEP**12** 點按〔下一步〕按鈕。

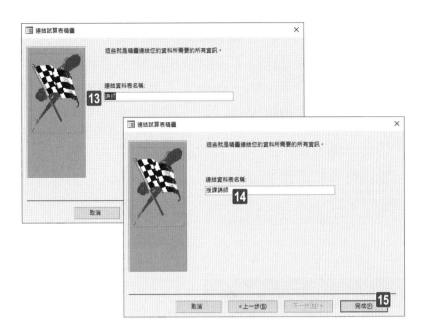

STEP**13** 選取並刪除預設的連結資料表名稱。

STEP**14** 輸入自訂的連結資料表名稱為「授課講師」。

STEP**15** 點按〔完成〕按鈕。

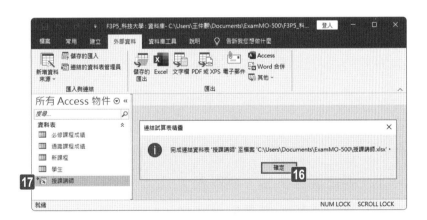

STEP**16** 顯示完成連結資料表的確認對話,點按〔確定〕按鈕。

STEP**17** Access 資料庫檔案畫面左側的物件窗格裡,立即包含了剛剛完成的 Excel 活頁簿連結資料表 (Excel 圖示)。

使用進階 / 篩選排序功能，針對〔通識課程成績〕資料表進行排序。先依照「班級」欄位以遞增順序排列，再依據「總分」欄位以遞減方式排序。套用篩選後，儲存並關閉資料表。

評量領域：建立與修改資料表

評量目標：管理資料表記錄

評量技能：排序記錄

解題步驟

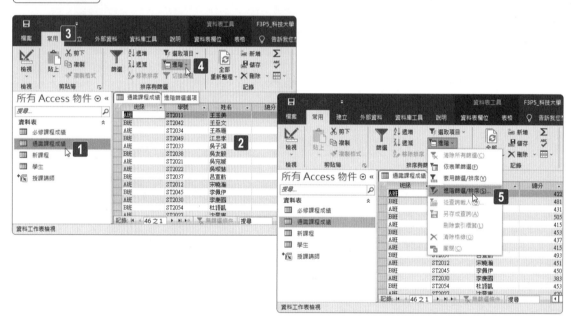

STEP**01** 點按兩下〔通識課程成績〕資料表。

STEP**02** 開啟此資料表的資料工作表檢視畫面。

STEP**03** 點按〔常用〕索引標籤。

STEP**04** 點按〔排序與篩選〕群組裡的〔進階〕命令按鈕。

STEP**05** 從展開的進階篩選 / 排序的功能選單中點選〔進階篩選 / 排序〕功能選項。

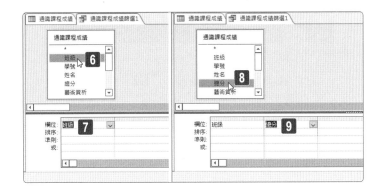

STEP06 開啟此資料表的進階篩選 / 排序作業視窗，點按兩下〔通識課程成績〕資料表欄名清單裡的「班級」欄位。

STEP07 〔通識課程成績〕資料表的「班級」欄位成為第 1 個輸出欄位。

STEP08 點按兩下〔通識課程成績〕資料表欄名清單裡的「總分」欄位。

STEP09 〔通識課程成績〕資料表的「總分」欄位成為第 2 個輸出欄位。

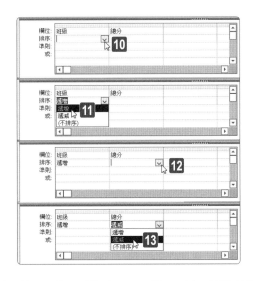

STEP10 點選〔班級〕欄位下方〔排序〕列的下拉式選項按鈕。

STEP11 從排序選單中點選〔遞增〕選項。

STEP12 點選〔總分〕欄位下方〔排序〕列的下拉式選項按鈕。

STEP13 從排序選單中點選〔遞減〕選項。

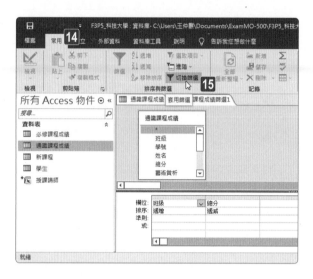

STEP**14** 點按〔常用〕索引標籤。

STEP**15** 點按〔排序與篩選〕群組裡的〔切換篩選〕命令按鈕。

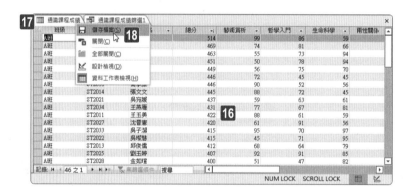

STEP**16** 立即顯示資料表的兩個層級排序成果，先以「班級」欄位內容遞增排序，同一班級裡再以「總分」欄位內容遞減排序。

STEP**17** 以滑鼠右鍵點按〔通識課程成績〕資料表設計檢視的頁籤。

STEP**18** 從展開的快顯功能表中點選〔儲存檔案〕功能選項。

STEP**19** 再次以滑鼠右鍵點按〔通識課程成績〕資料表設計檢視的頁籤。

STEP**20** 從展開的快顯功能表中點選〔關閉〕功能選項。

1 —— 2 —— 3 —— 4 —— 5

在〔新課程〕資料表的「課程」欄位中,將每個「開原應用」一詞取代為「資源應用」。儲存並關閉資料表。

評量領域:建立與修改資料表
評量目標:管理資料表記錄
評量技能:尋找及取代資料

解題步驟

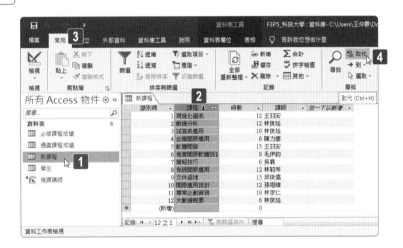

STEP01 點按兩下〔新課程〕資料表。

STEP02 開啟〔新課程〕資料表的檢視畫面後,點選整個「課程」欄位。

STEP03 點按功能區裡的〔常用〕索引標籤。

STEP04 點按〔尋找〕群組裡的〔取代〕命令按鈕。

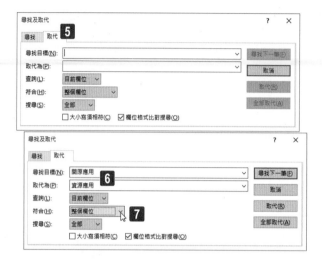

STEP**05** 開啟〔尋找及取代〕對話方塊，自動切換至〔取代〕頁籤。

STEP**06** 在〔尋找目標〕文字方塊裡輸入「開原應用」；在〔取代為〕文字方塊裡輸入「資源應用」。

STEP**07** 點選〔符合〕下拉式選單按鈕。

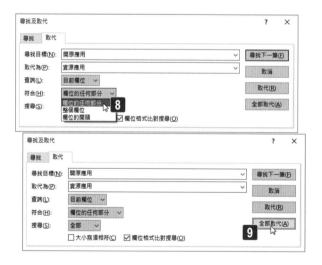

STEP**08** 點選〔欄位的任何部分〕選項。

STEP**09** 點按〔全部取代〕按鈕。

STEP**10** 顯示不能復原此取代操作的警示對話，點按〔是〕按鈕。

STEP**11** 點按〔尋找及取代〕對話方塊右上方的〔關閉〕按鈕，結束並完成取代的對話操作。

STEP**12** 以滑鼠右鍵點按〔新課程〕資料表設計檢視畫面的頁籤。

STEP**13** 從展開的快顯功能表中點選〔儲存檔案〕功能選項。

STEP**14** 再次以滑鼠右鍵點按〔新課程〕資料表設計檢視畫面的頁籤。

STEP**15** 從展開的快顯功能表中點選〔關閉〕功能選項。

在〔必修成績單〕報表中,將〔詳細資料〕區段中所有控制項的邊界設為
「無」。儲存報表。

評量領域:在版面配置檢視中修改報表
評量目標:格式化報表
評量技能:修改報表定位

解題步驟

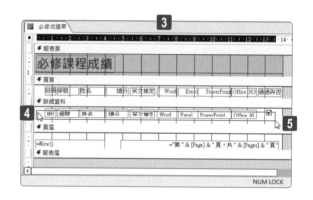

STEP **01**　以滑鼠右鍵點按〔必修成績單〕報表。

STEP **02**　從展開的快顯功能表中點選〔設計檢視〕。

STEP **03**　進入〔必修成績單〕報表的報表設計檢視畫面。

STEP **04**　滑鼠游標移至〔詳細資料〕區段裡的左側空白處,以滑鼠拖曳繪製一
個矩形的方式,往右拖曳一個矩形。

STEP **05**　此矩形的面積大小可以囊括〔詳細資料〕區段裡的每一個控制項 (注
意:矩形的大小只要能夠接觸到控制項即可,不見得一定要完整地將
控制項都包含在所拖曳的矩形大小裡)。

STEP06 完成選取後的控制項會是金黃色的邊框,代表已經順利選取這些控制項了。

STEP07 點按功能區上方〔報表設計工具〕底下的〔排列〕索引標籤。

STEP08 點按〔位置〕群組裡的〔控制邊界〕命令按鈕。

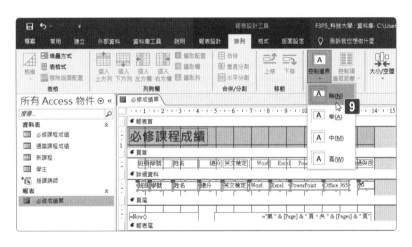

STEP09 從展開的下拉功能選單中點選〔無〕功能選項。

STEP10
以滑鼠右鍵點按〔必修成績單〕報表設計檢視的頁籤。

STEP11
從展開的快顯功能表中點選〔儲存檔案〕功能選項。

專案 **6**　　**捐款**

您正在使用 Access 資料庫系統規劃校友與企業捐款的資料庫，彙整外部資料並編輯相關的資料查詢。

為〔ExamMO-500〕資料夾中「支出明細」活頁簿的資料匯入新的資料表。保留預設設定和資料表名稱。以預設名稱儲存匯入步驟以供爾後可重複使用。

評量領域：管理資料庫

評量目標：修改資料庫結構

評量技能：從其他來源匯入資料或物件

解題步驟

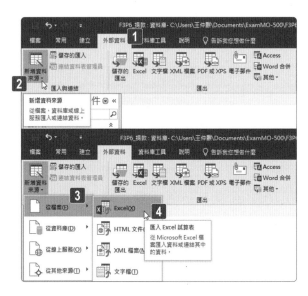

STEP**01**　點按功能區裡的〔外部資料〕索引標籤。

STEP**02**　點按〔匯入與連結〕群組裡的〔新增資料來源〕命令按鈕。

STEP**03**　從展開的下拉式功能選單中點選〔從檔案〕選項。

STEP**04**　再從展開的副選單中點選〔Excel〕選項。

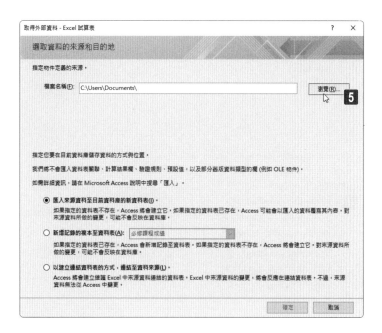

STEP05 開啟〔取得外部資料 -Excel 試算表〕對話操作,點按〔瀏覽〕按鈕。

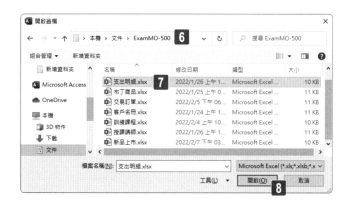

STEP06 開啟〔開啟舊檔〕對話方塊,選擇路徑為〔ExamMO-500〕資料夾。

STEP07 點選〔支出明細〕活頁簿檔案。

STEP08 點按〔開啟〕按鈕。

STEP09 回到〔取得外部資料 -Excel 試算表〕對話操作，點選〔匯入來源資料至目前資料庫的新資料表〕選項。

STEP10 點按〔確定〕按鈕。

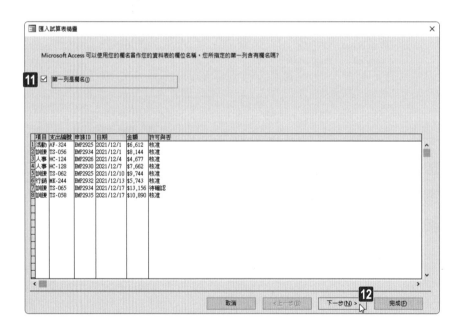

STEP11 開啟〔匯入試算表精靈〕對話操作，勾選〔第一列是欄名〕核取方塊。

STEP12 點按〔下一步〕按鈕。

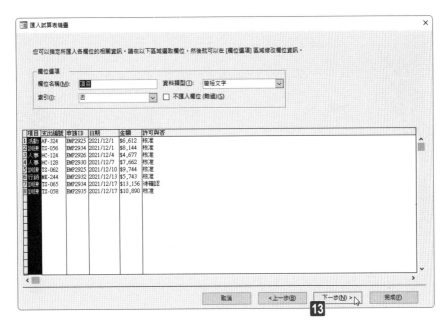

STEP**13** 此步驟使用預設設定即可,點按〔下一步〕按鈕。

STEP**14** 此步驟使用預設設定即可,點按〔下一步〕按鈕。

STEP**15** 保留預設資料表名稱，直接點按〔完成〕按鈕。

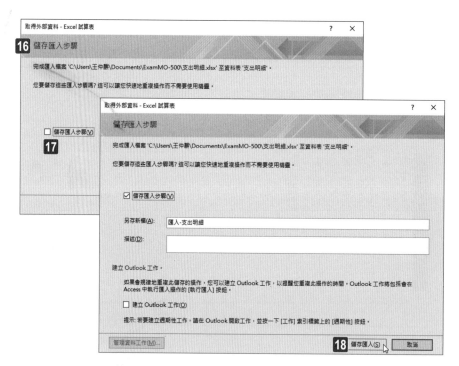

STEP**16** 回到〔取得外部資料 -Excel 試算表〕對話操作。

STEP**17** 勾選〔儲存匯入步驟〕核取方塊。

STEP**18** 點按〔儲存匯入〕按鈕，也結束〔取得外部資料 -Excel 試算表〕的對話操作。

STEP**19**

完成匯入操作，資料庫裡新增了內容為〔支出明細〕
活頁簿的〔支出明細〕資料表。

| 1 | 2 | 3 | 4 | 5 |

在〔自由捐款〕資料表中，將「身分證字號」輸入遮罩套用到「身分證字
號」欄位，並以遮罩中不含符號的方式儲存資料。接受所有其他預設選
項。儲存並關閉資料表。

評量領域：建立與修改資料表
評量目標：建立與修改欄位
評量技能：套用內建輸入遮罩

解題步驟

STEP**01** 以滑鼠右鍵點按〔自由捐款〕資料表。

STEP**02** 從展開的快顯功能表中點選〔設計檢視〕。

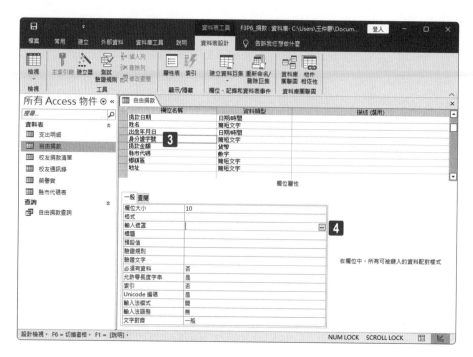

STEP**03** 開啟〔自由捐款〕資料表的設計檢視畫面,點選「身分證字號」欄位。

STEP**04** 點按欄位屬性裡〔輸入遮罩〕右側的〔…〕按鈕。

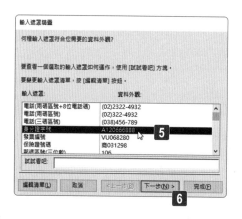

STEP**05** 開啟〔輸入遮罩精靈〕操作對話,點選〔身分證字號〕輸入遮罩。

STEP**06** 點按〔下一步〕按鈕。

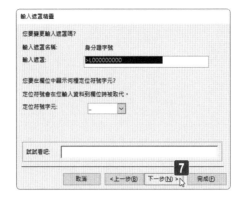

STEP**07** 此步驟使用預設設定即可，點按〔下一步〕按鈕。

STEP**08** 點選〔遮罩中不含符號〕選項。

STEP**09** 點按〔下一步〕按鈕。

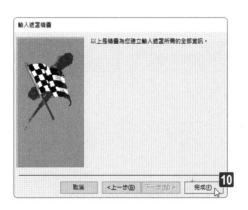

STEP**10** 點按〔完成〕按鈕，結束〔輸入遮罩精靈〕的對話操作。

STEP**11** 以滑鼠右鍵點按〔自由捐款〕資料表設計檢視的頁籤。

STEP**12** 從展開的快顯功能表中點選〔儲存檔案〕功能選項。

STEP**13** 再次以滑鼠右鍵點按〔自由捐款〕資料表設計檢視的頁籤。

STEP**14** 從展開的快顯功能表中點選〔關閉〕功能選項。

| 1 | 2 | 3 | 4 | 5 |

在〔榮譽賞〕資料表中，新增合計列，並顯示「近五年總捐款」欄位的總計。儲存並關閉資料表。

評量領域：建立與修改資料表

評量目標：管理資料表

評量技能：新增合計列

解題步驟

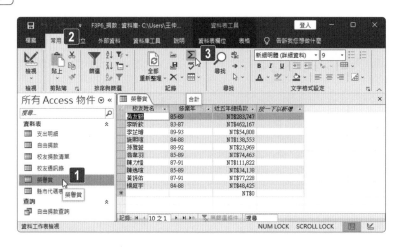

STEP01 點按兩下〔榮譽賞〕資料表，開啟此資料表的資料工作表檢視畫面。

STEP02 點按〔常用〕索引標籤。

STEP03 點按〔記錄〕群組裡的〔Σ〕(合計)命令按鈕。

STEP04 資料工作表檢視畫面的資料記錄底部自動產生合計列。

STEP05 點按「近五年總捐款」欄位底部的合計列。

STEP06 從展開的運算功能選單中點選〔總計〕選項。

STEP07 「近五年總捐款」欄位底部顯示此欄位的加總值。

STEP08 以滑鼠右鍵點按〔榮譽賞〕資料表設計檢視的頁籤。

STEP09 從展開的快顯功能表中點選〔儲存檔案〕功能選項。

STEP10 再次以滑鼠右鍵點按〔榮譽賞〕資料表設計檢視的頁籤。

STEP11 從展開的快顯功能表中點選〔關閉〕功能選項。

| 1 | 2 | 3 | 4 | 5 |

在〔校友通訊錄〕資料表中，將「行政區」欄位的欄位大小變更為「10」個字元；「地址」欄位的欄位大小變更為「50」個字元。儲存資料表。

評量領域：建立與修改資料表

評量目標：建立與修改欄位

評量技能：變更欄位大小

解題步驟

STEP01 　以滑鼠右鍵點按〔校友通訊錄〕資料表。

STEP02 　從展開的快顯功能表中點選〔設計檢視〕。

STEP03 　開啟〔校友通訊錄〕資料表的設計檢視畫面，點選「行政區」欄位。

STEP04 　此欄位屬性裡的〔欄位大小〕屬性為「6」。

STEP05 　輸入〔欄位大小〕屬性的內容為「10」。

STEP**06** 點選「地址」欄位。

STEP**07** 此欄位屬性裡的〔欄位大小〕屬性為「25」。

STEP**08** 輸入〔欄位大小〕屬性的內容為「50」。

STEP**09** 以滑鼠右鍵點按〔校友通訊錄〕資料表設計檢視的頁籤。

STEP**10** 從展開的快顯功能表中點選〔儲存檔案〕功能選項。

STEP**11** 再次以滑鼠右鍵點按〔校友通訊錄〕資料表設計檢視的頁籤。

STEP**12** 從展開的快顯功能表中點選〔關閉〕功能選項。

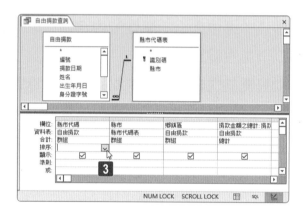

STEP 01 以滑鼠右鍵點按〔自由捐款查詢〕查詢。

STEP 02 從展開的快顯功能表中點選〔設計檢視〕。

STEP 03 進入〔自由捐款查詢〕查詢的查詢設計檢視畫面,在下半部的 QBE(Query By Example) 區域裡,點選〔縣市代碼〕欄位下方〔排序〕列的下拉式選項按鈕。

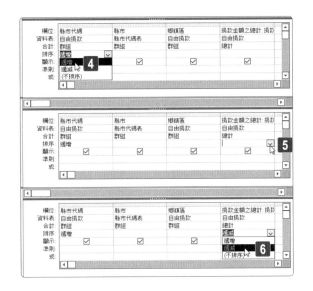

STEP**04** 從排序選單中點選〔遞增〕選項。

STEP**05** 點選〔捐款金額之總計〕欄位下方〔排序〕列的下拉式選項按鈕。

STEP**06** 從排序選單中點選〔遞減〕選項。

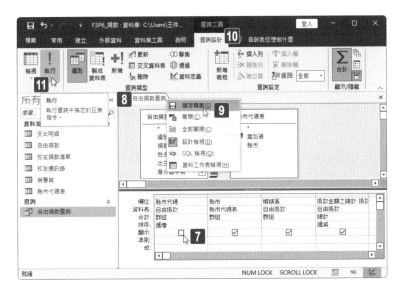

STEP**07** 取消「縣市代碼」欄位底下〔顯示〕列裡核取方塊勾選。

STEP**08** 以滑鼠右鍵點按〔自由捐款查詢〕查詢設計檢視的頁籤。

STEP**09** 從展開的快顯功能表中點選〔儲存檔案〕功能選項。

STEP**10** 點按功能區上方〔查詢工具〕底下的〔查詢設計〕索引標籤。

STEP**11** 點按〔結果〕群組裡的〔執行〕命令按鈕。

STEP**12** 顯示兩層級排序的查詢結果。